JN313464

ユーザーからの
テレビ通信簿

テレビ採点サイトQuaeの挑戦

戸田　桂太　【監修】
小玉美意子

山下　玲子　【編著】

学文社

執筆者

石山　玲子　　武蔵大学・成城大学・立教大学ほか非常勤講師．専門領域は，メディア文化論，メディアとジェンダー論，社会調査研究法など．著書・論文に『擬人化された動物CMについての探索的研究』(動物観研究16, 2011)，『Woman and the Media; Diverse Perspectives』(共著, University Press of America, 2005) など．(第8章)

岩崎　貞明　　メディア総合研究所事務局長，雑誌『放送レポート』編集長．テレビ朝日報道局記者，『スーパーJチャンネル』ニュースデスク等を経て現職．著書に『放送法を読みとく』(共著, 商事法務, 2009) など．(第7章)

小玉美意子　　武蔵大学名誉教授．専門領域は，テレビジャーナリズム論，ジェンダーとメディア論．著書に『メジャー・シェアー・ケアのメディア・コミュニケーション論』(学文社, 2012)，『メディア選挙の誤算』(花伝社, 2001)，『ジャーナリズムの女性観』(学文社, 1989) 他．厚生労働省社会保障審議会・映像メディア等委員会委員長，BSフジ番組審議会副委員長．(第1章，第9章，終章)

戸田　桂太　　武蔵大学名誉教授．専門領域は，映像論，テレビメディア研究．NHKで番組制作業務 (撮影)，NHK出版で『放送文化』編集長を経て武蔵大学教授．研究論文に「60年代映像メディアに表象された"日本人の顔"」(『ソシオロジスト』9号, 2007) など．著書に『メディア社会学レポート』(共著, 海象社, 2003) など．(序章)

中條　浩　　株式会社ラビネット代表取締役．金融情報会社勤務を経て，株式会社ラビネットを設立．業務系のシステム開発を得意とする．2004年より武蔵大学社会学部にて非常勤講師．(第3章)

中橋　雄　　武蔵大学教授，博士 (情報学)．専門領域は，メディア・リテラシー論，メディア教育，教育の情報化など．著書に『メディアプロデュースの世界』(共著, 北樹出版, 2013)，『映像メディアのつくり方』(共著, 北大路書房, 2008) など．(第4章)

黄　允一　　フェリス女学院大学ほか非常勤講師．専門領域は，マス・メディアとジェンダー論，日韓文化比較研究．著書に『女性白書』(共著, ほるぷ出版, 2000)，『テレビと外国イメージ』(共著, 勁草書房, 2004)，『テレビニュースの解剖学』(共著, 新曜社, 2008) など．(第5章，コラム1)

藤井　達也　　武蔵大学大学院人文科学研究科博士後期課程．専門領域は，テレビ広告の効果・影響について．論文に『日本の子ども向けテレビ番組におけるCMの内容分析―ホストセリング，プロダクトプレイスメントの観点から』(未刊行) など．(第6章)

山下　玲子　　武蔵大学教授．専門領域は，社会心理学．主に子ども向けメディアおよびCMの効果・影響を研究．著書に『産業・組織心理学エッセンシャルズ (改訂三版)』(共著, ナカニシヤ出版, 2011)，『アイデンティティと社会意識』(共著, 北樹出版, 2012) など．(第2章，コラム2)

目　次

序章　テレビの進化と視聴者──市民は放送を変えられるか ……… 1
0　はじめに　1
1　先駆者たちの語る「テレビと視聴者」　4
2　メディア環境激変の中の「テレビと視聴者」　7

第Ⅰ部　番組の質を可視化する試み「Quae」

第1章　テレビを放っておけない──MMS研究会のあゆみ ……… 12
0　はじめに　12
1　見たいのに「見る番組がない?」　12
2　テレビの影響力　13
3　GRPという尺度　14
4　視聴率　16
5　番組の質とは何か　17
6　テレビ番組は誰のもの?　18

第2章　"質"を"量"で測る?──尺度開発の道のり ……… 21
0　はじめに　21
1　60項目尺度の開発　21
2　34項目尺度による調査　24
3　4軸尺度の誕生へ　32
4　20項目・単極尺度の開発へ　35
5　20項目尺度の完成，そしてQuaeへ　41

第3章 市民参加へ道を拓く―ネットリサーチシステムの開発 ……… 45

 0 はじめに 45
 1 サイト名及びドメイン名の決定 45
 2 サイトのデザイン 46
 3 Quae ネットリサーチシステムについて 48

第4章 文化振興としてのメディア・リテラシーとテレビ番組評価 … 59

 0 はじめに 59
 1 メディア・リテラシー研究の広がり 60
 2 誤解されたメディア・リテラシー 61
 3 テレビ番組の質を高めるために 63
 4 既存の取り組みと Quae の違い 64
 5 Quae が生成する対話の場 66
 6 メディア・リテラシーを育む Quae の意義 70

第Ⅱ部　ユーザーがつくるテレビ通信簿

第5章 「大晦日番組」の通信簿 ……… 74

 0 はじめに 74
 1 大晦日のテレビ番組の評価 74
 2 『朝日新聞』と『読売新聞』の番組予告 85
 3 若年層と高年層のテレビの見方 85
 4 大晦日番組の考察 87

第6章 「バラエティ番組」の通信簿 ……… 93

 0 はじめに 93
 1 「バラエティ番組」に対する視聴者の反応 95
 2 カテゴリーごとの「バラエティ番組」評価 98
 3 「バラエティ番組」通信簿のまとめ 105

〈コラム 1〉「韓流ドラマ」と呼ばれる文化コンテンツ　109

第 7 章　「スポーツ番組」の通信簿 …………………………………… 111
　0　はじめに　111
　1　「自然に見える」をうまく評価できるか　111
　2　オリンピックを評価する　114
　3　「速報」ばかりでなく「演出過剰」でもなく　123

第 8 章　「コメント欄」の通信簿
　　　　── Quae 回答者および大学授業受講者による
　　　　　　コメント評価 ……………………………………………… 125
　0　はじめに　125
　1　自由記述欄に寄せられた Quae 回答者によるコメント　125
　2　大学でのレポートにおけるコメント　133

〈コラム 2〉　子ども向け番組の"質"の確保のために　142

第 9 章　東日本大震災報道の通信簿 ………………………………… 144
　0　はじめに　144
　1　東日本大震災後のテレビ報道調査　145
　2　特定のテレビ番組についてのコメント　152
　3　大震災関連のテレビ報道の実態　154
　4　まとめ　156

終章　テレビ──文化の総合展示場 …………………………………… 158
　0　はじめに　158
　1　放送番組の影響研究と Quae　159
　2　メディアの伝統　160
　3　文化の申し子たるテレビの役割と責任　164
　4　問題点と向きあう　167

序章 テレビの進化と視聴者
―市民は放送を変えられるか

0 はじめに

　「武蔵メディアと社会（MMS）研究会」（武蔵大学総合研究所）が，テレビ番組をインターネット上で採点評価する市民参加型のWebサイト「Quae」を運営して定期的に評価調査を始めたのは2009年10月でした．それ以降，偶数月の月末を調査日と定めて1年間に6回の調査を実施し，その都度集計結果と分析をサイト上に公開してきました．番組が視聴者の市民的な関心やニーズに応えているか，そこからどのような満足度や充実感が得られたかを問う質的な調査ですが，20項目の評価指標ごとに採点してもらい，番組の質的評価を数値で表せるようにしたところに特徴があります．本書第II部の各章で番組分野やテーマごとに詳しく述べますが，これは番組のユーザーである視聴者が採点したテレビ番組の通信簿です．

　本書の目的は，およそ20回に及ぶこれまでの調査の結果が示している番組評価の傾向や視聴者自身の意向を探り，番組のエンドユーザーとしての視聴者が日常的な番組視聴を通じてテレビに何を求めているのかを解き明かすことにあります．いま，テレビ番組についての視聴者の評価や意見を番組の質的な向上に反映させようという作業は，どちらかといえばテレビ局側の意向で行われているのが実情ですが，私たちはそこに視聴者の市民的な視点を築き，テレビと視聴者との新たな関係を築くための糸口をつかみたいと考えています．

　日常的に視聴しているテレビ番組をインターネットを使って視聴者自身が評価するという番組評価の仕組みは，現在，私たちのサイト以外にテレビ局などでもさまざまに試みられていますが，私たちは当初からWebサイトでの番組

評価を考えていたわけではありません．第Ⅰ部各章で詳しく触れますが，2004年に番組の質的評価調査のための研究会を立ち上げた時，最初に掲げたテーマは「市民は放送を変えられるか」というものでした．そのテーマに込められていたのは，視聴率の数字だけが番組評価の基準になり，送り手の側の論理や仕組みだけで番組の内容や編成が決められているかに見える放送界の実情への批判的な問題意識でした．視聴率の数字が広告媒体としてのテレビ番組の評価を決め，視聴率を上げるための企画が優先されている「業界」に，番組の受け手である視聴者の市民的な視点からの質的評価を反映させる仕組みを作ることはできないだろうか，それが私たちの研究活動の最初からの意図でした．

もちろん，民放テレビがCMによる広告収入で成り立っている以上，経営的な立場からすれば，ある番組の視聴者を数量的に示す視聴率こそ唯一の番組評価指標だとする考え方を否定はできません．視聴率は番組の評価基準であることに留まらず，放送局，広告代理店，スポンサー企業の関係の中で，その時間帯の広告効果を測る尺度として，ある意味での「通貨」のような役割を担っているとさえ言えます．さらに，大きな番組やスポーツ中継の視聴率が，社会的な話題として他のメディアで取り上げられることも多いようです．社会的な関心事である以上，広告収入に関係のないはずのNHKでも視聴率の数字を無視はできないように見えます．

たしかに，民放局ではいい番組だったけど視聴率が低いために終了したとか，連続ドラマの視聴率が低いため途中の回で打ち切りになったということがあります．視聴率偏重こそが問題だという意見はもっともですが，事はそれほど簡単でもないようです．視聴率の明解さを越えるような質的評価の指標の開発は（さまざまな試みはありましたが）遂に実現していません．テレビ放送の歴史を通して視聴率に替わる番組評価の基準は遂に機能しなかったと言えます．

視点を変えて言えば，視聴率偏重自体が問題だというよりも，番組評価に関するすべてのことが送り手の側の理屈や事情で成り立っていることが問題なのだと言えるかもしれません．もちろん放送現場のプロデューサーやディレクターは常に自分の番組に関する視聴者の反応を意識し，視聴者との関係性を重

要視しています．しかしそれは多くの場合，市民社会の要請や視聴者の期待に応えようとするものだったとは言えません．つまり，番組の受け手である視聴者の視点は初めから欠落しているのです．

　テレビニュースや報道系の番組では，どの局も同じ情報を横並びで伝え，視聴者が本当に知りたいことを伝えようとする独自の取材や調査による報道は本当に少数です．しかもそれらが政府や大企業など権力を持つ側からの一方的な発表をそのまま流すだけで，視聴者の疑問や不安に応えていなかったのは，東日本大震災後の原発事故報道を通じてはっきりしたテレビメディアの姿勢でした．この時，テレビに向けられた視聴者の目は厳しいものでした．

　また娯楽番組やワイドショーなどの情報番組では，人々の通俗的な好奇心を刺激する話題性に傾斜し，どの番組も同じ話題をセンセーショナルに取り上げ，その時人気のある同じタレントを奪い合うという事態が恒常化しています．そこにスポンサーや広告代理店の意向が働いているのは言うまでもありません．

　ただし，これは送り手の側だけの問題ではなく，流れてくる番組を受け身一方で受容し，テレビの画面に見とれていた視聴者の側にも問題があると言わざるを得ません．メディアの実態には送り手と受け手の相互作用が働いていますし，視聴者がそういうものを求めているのだという言い方もあります．注意しなければならないのは「視聴者が求めているから提供する」というメディア側の常套句です．「読者が求めている」を根拠にナショナリズムを煽り，国家に追随していった戦前の新聞の教訓を忘れてはならないのです．もちろん，このような事態に満足できず，現在のテレビに批判的な視聴者はたくさん居るはずです．Quae の活動はそのような視聴者に期待するものです．

　このところテレビ放送の事情は大きく変わりつつあります．多チャンネル化や地上波放送のデジタル化は実現しましたが，インターネットやソーシャルメディアの急速な普及によって，受け手の側からの情報発信は普通のこととなり，テレビ番組の内容自体を変えつつあるのも事実です．NPO や市民自らが自立した報道をめざしたインターネット放送局が既存のテレビ報道に批判的な人びととの支持を広げる動きも活発です．

誕生から半世紀以上，送り手と視聴者をつなぐ回路も仕組みも構築しないままに，テレビは巨大なビジネス空間を形成してきましたが，デジタル社会の進化に晒されて，テレビがマスメディアの中心であった時代は終わろうとしているという見方もできます．

1　先駆者たちの語る「テレビと視聴者」

　1953年に新しい大衆的なメディアとして日本のテレビ放送が始まった時，そのメディアとしての強大な力や効果を予測した人は，実は少数だったと言います．しかし，数年後にはその影響力は無視できないものになり，研究者や批評家がさまざまなテレビ論を発表するようになります．そして，多くのテレビ論のテーマは新しいメディア，新しい文化表現としてのテレビの可能性であり，テレビとその視聴者である一般大衆との新しい関係についてでした．テレビと視聴者・市民との関係は当初から大きなテーマだったのです．

　芸術表現全般について先鋭的な立場から発言を続けて，この時代を代表する評論家であった佐々木基一は，テレビ放送開始から5年後の1958年に発表した論文「大衆芸術の新しい形式」(『テレビ芸術』所載)で，先行メディアである映画と比較しながらテレビの可能性を考察し，テレビと一般大衆の新しい関係について次のように述べています．

　「たとえば『のど自慢』とか『街頭録音』とか，いろいろの形で日常的に大衆がテレビに参加する道が開けてきた．つまりテレビにおける大衆参加の形式は，映画にくらべてはるかに容易になり，フレキシビリティにとみ，日常的になったと云っていい．同時性という，映画の絶対もてない機能を有するテレビは，偶然性や即興性のもつサスペンスを大いに利用できるので，(中略)素人のなまの挙措動作や表情の方に，かえって生き生きした表現が生まれる．なまの生活がフィクションよりもはるかに面白くなる可能性があるのだ」．

　佐々木は生放送テレビの同時性の威力と一般大衆が番組に参加することの新しさに着目し，テレビという大衆的なメディアに展開する番組と一般大衆(視

聴者）との関係性に言及しています．同じ論文の中で佐々木が評価しているのは NHK の『私の秘密』や NTV の『この人を』など，大衆が主役の視聴者参加番組の斬新さです．ここには明らかに草創期独特の初々しい興奮のようなものが感じられますが，当初からテレビは視聴者との関係を核として論じられていたことが分かります．

　佐々木はまた同じ『テレビ芸術』に掲載されている別の論文「テレビ文化とは何か」で，将来テレビ放送に予測される大資本による大衆文化の氾濫に危惧を示しつつ，次のように述べています．

　「今日の日本の大衆は，まだテレビジョンに対して免疫性をもっていないので，いろいろな問題が起るだろうが，やがて大衆の体内に免疫性ができれば，大衆は自らの力でテレビジョンを消化し，それを通して新しい人間となって再生するだろう．（中略）映画の歴史は，わたしたちにマス・コミの世界における大衆的文化の運命が，必ずしも灰色一色に塗りつぶされるものではないことを教えている」．

　佐々木基一の『テレビ芸術』（パトリア書房）は 1959 年に発行され，所載の論文はその前年に雑誌『放送文化』に連載されたものですが，この記述にあるような文化発信メディアとしてのテレビの可能性への期待は，その 1 年前の 1957 年に評論家の大宅壮一が指摘して流行語にもなった「一億総白痴化」という俗悪テレビ番組批判への反論の意味があったのかもしれません．佐々木は大宅壮一的な見解を超えて，誕生したばかりのテレビにメディアとしての可能性を認め，テレビと一般大衆（視聴者・市民）の関係の中に新しい表現を期待したのです．

　しかし，佐々木の予測は，今日のテレビ放送の現実に照らしてみれば，半ば当たり半ば外れた，と言えるでしょう．テレビの視聴者は〈テレビジョンに対する免疫性〉だけはいち早く獲得して，テレビを日常性そのものにしたかに見えますが，日常性の持つパワーへの抵抗力を喪失しました．その結果，テレビ放送を通じて新しい人間が再生されるというようなメディア状況は佐々木基一の期待ほどには進まなかったと言うべきでしょう．〈灰色一色に塗りつぶされ

た〉とは言えないまでも，テレビ番組の通俗化に対する視聴者の批判は恒常的にあり，「見たいと思う番組がない」という声は常に聞こえてきました．テレビはその 60 年の歴史を通じて文化発信の装置であるよりは，広告媒体としての力を強めてきたのです．その圧倒的な影響力と膨大な情報量は草創期のテレビ論の予測をはるかに超えるものでした．

同じ頃，社会学者の清水幾太郎も先駆的なテレビ研究を発表しています．それは「テレビジョン時代」と題する論文で，『思想』（岩波書店）1958 年 11 月号に掲載されたものです．清水は新しく登場したメディアに大きな関心を抱き，テレビ映像の圧倒的な臨場感を認めながらも，大衆がテレビに対して受動的にならざるを得ない関係を鋭く指摘しました．そして，スイッチをひねればたちまち情報が流れ出てくるテレビを水道に例えて，「文化的水道」なることばを使って次のように言います．

「実際，テレビジョンは電気やガスや水道に似たものとして考えた方が早い．水やガスや電気と同じように，映像も，家庭の外部の何処かで膨大な資本や施設によって作り出され，絶えず家庭に供給されているものであって，必要な時に，人間はコックをひねり，スイッチを入れればよいのである．水道の水が消毒を施されているように，『文化的水道』も消毒を施されている．一方からすれば，テレビジョンが家族という集団の生命を回復したように見えるけれども，他方からすれば，シンボルのマス・プロダクションが電気やガスや水の段階まで進んで，人間を家庭の中に追い込んだとも見ることが出来る」．

その後のテレビの進化を考えれば，清水の指摘は的確で，送り手の側から一方的に流される情報を電気やガスや水のように視聴者が受動的に消費する関係が見事に語られています．流されてくる情報は水道と同じように消毒されているという指摘には今日のテレビを見通した鋭い視点があります．

二人の先駆者のテレビについての発言はさまざまな意味で示唆に富んでいますが，そこに可能性を見出すにしろ，批判的な指摘をするにしろ，両者ともテレビ草創期のメディアとしての斬新な魅力に熱い視線を送っているのがよく分かります．そして，いずれの論考もテレビと視聴者の関係の中で語られていま

す．佐々木の「テレビ文化とは何か」（前出）の中に次のような指摘があります．

「マス・コミの弊害を批判する人々は，大てい，マス・コミの送り手が受け手をたんなる消費者大衆と考え，もっぱら消費の面でのみとらえようとするのと同じ立場にたって，受け手としての大衆をもっぱら消費の面に限定してその性格を考えているのではなかろうか．マス・コミ攻勢のまえに，甲羅を失ったカニのように，無防備のままさらされている受動的な大衆の姿だけを頭にうかべているのではなかろうか」．

これはマス・コミ研究者やメディアの送り手の姿勢への批判として書かれたものですが，ここで佐々木基一が危惧した受け手の姿は，残念ながらテレビの前の視聴者のイメージに重なっています．長い間，テレビを見ることは消費行動だったのかもしれません．人々はテレビから溢れ出す過剰な情報を「消費」し，自らの時間を「消費」していたに過ぎないと言えば過言でしょうか．

2 メディア環境激変の中の「テレビと視聴者」

若者たちがあまりテレビを見ないという傾向がしばしば話題になります．テレビを見ない人びとの情報源は急速に普及したインターネットをはじめとするさまざまなデジタルメディアですが，日常的な情報の受容はテレビに頼らなくてもいいという年代層が増えているのです．21世紀に入って，テレビは多くの技術開発の恩恵を受けて，多チャンネル化，デジタル化を実現させましたが，パソコンや携帯端末の進化とインターネットやソーシャルメディア（SNS）の急速な普及の前に，技術開発の恩恵を受けたはずのテレビは旧メディアに成り下がろうとしているようにも見えます．前述したように，市民の視点によるインターネット放送局が既成のマスメディアとは違ったニュースを発信して支持を得ているのですから，メディア環境の激変は誰の目にも明らかでしょう．テレビCM全体の広告量が減少を続けているのも事実です．

もっとも，インターネットによる情報がいつまでもオルタナティブな存在かどうかは分かりません．ネットへの広告費が急激に増加しているわけですから，

気がついたらネットも広告媒体としての市場原理に支配されていて「テレビ化」される事態になることも考えられます．

　それはともかく，その旧メディアに向けたインターネットやSNSからの情報発信が盛んに行われています．放送中にメールやツイッターで視聴者から送られてくる意見や感想がテレビの画面にライブで表示される形式の番組が民放でもNHKでも急速に増えています．東日本大震災の報道を契機として，テレビ放送とインターネットの生中継が連動するという新しい事態も生まれました．テレビが旧メディアとして片隅に追いやられるというよりは，素早く新しいものを取り込むテレビの「変わり身の早さ」を感じます．年代や生活形態の違いで濃淡はあるにしても，多くの人々にとってテレビは依然として日常生活の中心にあるメディアでもあります．

　「テレビ採点サイトQuae」による評価調査を継続する中で顕著に現れた傾向の一つに「視聴者の志向の二極化」があります．Quaeの調査参加者は60歳以上の高年齢世代が多いのですが，その方々によく見る番組をたずねると，ニュースやドキュメンタリーが多く，Eテレ（NHK教育）の文化番組，BS各局の紀行番組やキャスターニュースの名前が挙がります．高年齢世代は内容をじっくり掘り下げて丁寧な議論をする番組や社会の新たな動きを追っているものを志向し，自分の生活や自身の考えにさまざまな影響をもたらすような「深い」情報を求めているのが分かります．

　それに対して，テレビをあまり見ないと言われる20歳前後の学生たちの回答は圧倒的にバラエティ番組に偏っています．同じような芸人がぞろぞろ出てくる民放のお笑いバラエティから教養バラエティやNHKの紀行物，歴史物などまで，若い世代のバラエティ志向は巾が広く，「子どもに見せたくない番組」のレッテルを貼られているような「俗悪番組」もそこに含まれています．若者たちがテレビに求めるものはその場限りの情報であり，「役に立たないし，くだらないけど笑える」という軽い内容がテレビ的なものとして受容されているように思えます．一般的に高年齢層よりもメディア行動が活発で，テレビ以外からも，さまざまな手段で情報を得ている学生たちにとって，テレビを見るこ

とはその場限りの手軽な消費行動の一つに過ぎないもので，高年齢世代のようにはテレビが期待されていないのが分かります．

　高年齢層と若者の志向が違うのは当たり前だとも言えますが，世代によってテレビへの期待の持ち方が違っているのは興味深いことでもあります．そして，この二極化の傾向を現実のものにしているのはテレビの多様性です．BS 放送や CS の専門チャンネルでの番組分野の拡大ということだけではなく，テレビがその進化の中で獲得してきた，最もテレビ的で，しかも最も重要なものは，日常的な番組の多様性だったと思います．

　Quae の採点調査は，いい番組と悪い番組を選別することを目的としたものではありません．いい番組を評価して悪い番組を追放するのではなく，どの番組にもそれなりの役割や意味があるというのが Quae の考え方です．文化的な質の高い番組も俗悪と言われる番組もテレビの多様性を形成するものですし，社会生活の維持に欠かせない情報も，取るに足りないような馬鹿げた話題も取り上げ，すべてを発信するのがテレビの強さでもあります．テレビはことばの本来の意味でバラエティに富んだものだと考えています．

　そうした多様性を保障することこそ，年代層や階層を超えたさまざまなニーズに応える番組の誕生につながるのです．そこにテレビと視聴者の新しい関係が生まれ，その新しい関係こそ，市民が放送を変える契機なのだと思います．

（戸川 桂太）

参考文献
佐々木基一，1959，『テレビ芸術』パトリア書房
清水幾太郎，1958,「テレビジョン時代」『思想』11 月号（『思想』2003 年 12 月号に再掲）

第Ⅰ部
番組の質を可視化する試み「Quae」

第1章　テレビを放っておけない
― MMS 研究会のあゆみ

0　はじめに

　21世紀に入り，テレビ番組は技術的には一層の進展を見せてきました．コンピュータを使っていろいろな工夫が凝らされ，テレビ画面はこれまでになく複雑に構成されるなど，それなりの発展がみられます．それにもかかわらず，「やらせ問題」や番組制作中の事故などは以前にもまして多く出てきていましたし，テーマがどの番組も同じで変化がないとか，くだらない内容ばかりで質が低下していると言われたりするようになってきました．

　たとえば，ゴールデン・アワーと呼ばれる夕方から夜にかけての時間帯では，どの局もバラエティばかりを放送し，芸のない芸人が仲間内のネタで笑っていて，視聴者には全然面白くないことが指摘されています．一方，昼間の番組では，いわゆるワイドショーがどの局も横並びで同じテーマを取り上げます．芸能人の私生活や有名人の動向を追うばかりで，有益な情報があまり出てこず，これでは時間の無駄遣いだと言われるようになりました．その一方で，内容の濃いドキュメンタリー番組や，新しい試みの番組が何回か放送されただけで消えていくことがあり，視聴者は置き去りにされています．

1　見たいのに「見る番組がない？」

　これまでテレビとともに成長し年齢を重ね，そして現在テレビを見る意思のある中高年層にとって，「見る番組がない」ということは残念な事態なのです．一方，動きの激しいアニメはあっても，子どもの情操をはぐくむ番組は昔より

減っていて，子どもに楽しい番組を見せようとすると，時間帯によってはないということもあります．

　それにもかかわらず，テレビは日本人のもっとも多くが利用しているメディアであり，暇な時に，ちょっと休みたい時に，見たい番組がなくても時間つぶしに番組を見てしまうメディアです．すなわち，テレビ番組が良くても悪くても結局テレビを見ている人は多いので，知らず知らずのうちに何が社会で重要かをテレビから学び，何が今の社会で常識かを知らされ，自分たちがどうふるまうべきかを教えられてしまっているのです．言いかえれば，テレビは現代社会の大衆文化を創り出す重要な要素の一つとなって，私たちの世界を内側から形作っているのです．日本に来た外国人が言っていました．「日本のテレビ番組を見ていると，あまり感心しないものが多い．日本の文化レベルはもっと高いかと思っていた……．」

2　テレビの影響力

　テレビが生活の場面に現れるようになった 1960 年代から今日に至る 50 年間に，人々の考えは大きく変わってきました．日本の経済的な発達や世界情勢の変化，あるいは逆に，経済の停滞や災害による意識変化などがありましたが，テレビとも深くかかわっていると思われるものもあります．たとえば，モノをたくさん買い込んで次々と使い捨てにするような生活は，「消費は美徳」とするテレビ CM との連動に関係しているでしょう．また，大学での 1 時間半という授業時間の長さを集中できないのも，番組に CM が入るのに慣れた人たちの習慣でしょう．学生たちは，「教授の役割は自分たちを楽しませてくれるもの」と思い込み，「面白い」「面白くない」で授業評価し，自分から学習しようという意欲が減ってきているように思うのは，視聴者に迎合するテレビの影響のように思えてなりません．さらに，友だち同士の間で，じっくりと重いテーマで話し合うことを避ける傾向があるのは，「軽さ」が人間関係で重要と思っているからでしょう．たまに，重いテーマを話そうとするときに，「こ

れは，ちょっとマジになってしまってすみませんが……」などと断ったりするのは，それがルール違反だという意識があるからです．授業はテレビのバラエティとは違うので，そんなに軽妙に話すのが良いわけではありませんし，軽いノリが推奨されているわけではないのですが…．

　実は2003年にテレビ業界にとってショッキングな出来事がありました．あるテレビ局のディレクターが，自分の制作している番組の視聴率を上げるために，視聴率測定機器が置かれている家庭に接近し，その番組を見てもらおうとしたのです．いわゆる「視聴率不正操作事件」です（詳しくは，小玉　2005）．

　視聴率調査を実施しているビデオリサーチ社は，それが第三者に漏れないよう万全の措置をとっているので，機器の置かれている家はそう分かるものではありません．また，そのような不正を働く人などまずいないと思われていたので，関係者も大変驚きました．しかし，よく考えてみると，不正操作はしないまでも，「視聴率を上げたい」という願望は関係者の誰にもあったのです．

3　GRPという尺度

　そこで，この事件の後，放送業界では「視聴率等のあり方に関する調査研究会」を作り，なぜ，それほど放送局が視聴率にこだわるか，その原因について調査しました．その原因の一つとして，GRP（Gross Rating Point）と言われるCM料金設定の方式があがってきました．すなわち，CM契約をする際に，一般にGRPを用いますが，これは，[GRP＝視聴率（％）×CM回数]という形で計算します．たとえば，GRPを1000として契約する場合，視聴率が20％なら，CM放送回数は50回ということになり，視聴率が10％なら，CMは100回放送しなければならないことになります．つまり，限りある放送時間の中で，視聴率が高ければたくさんのスポンサーのCMを流すことができ，お金が儲かるわけです．このようにして，視聴率が局の収入と直結してはじき出されるために，局は視聴率の高い番組作りを求め，制作ディレクター達はそのプレッシャーの中で仕事をしなければならなくなるのです．特に，番組を局から受

注して制作する外部の制作会社の場合，ほとんど数字（視聴率）だけで判断されて発注されたり，発注されなくなったりします．それは，プロダクションにとって死活問題なので，何が何でも視聴率をとらないといけないという気持ちに駆られてくるのです．

　テレビ局の中で視聴率があまりに重視され，視聴率が低いとそれだけで番組が打ち切りになる事態が起こる．その儲け主義，視聴率中心主義がテレビ番組の質を落としているというわけです．

　上記研究会の清水英夫委員は，このことについて次のように述べています．「視聴率問題は，もはや放送業界を超えた社会問題となりつつある．そして，視聴者は単に視聴率調査の客体（標的）ではなく，放送文化向上の担い手としての積極的な役割を担いつつある．私たち研究会の構成員，特に外部委員は，視聴率問題を視聴者自体の課題として取り組んできた」（日本民間放送連盟，2004）．

　このようにして，視聴率に依存するテレビ業界の体質は，主に営業を通じて醸成されてきたものであり，それが，番組編成に反映され，結果的に番組内容に影響を与えてきたと言えましょう．

　これについて，民間放送局は株式会社だから仕方がないという意見も一方にありますが，本当にそうでしょうか．テレビ局は，何もないところから自分で立ち上げた一般のメーカーとは違います．デジタル化で以前と比べればチャンネル数が増えたとはいえ，電波という国民の有限な財産を免許という形で与えられて運用する公的な存在です．特に地上波は，寡占的な状況で特権として与えられているので，その影響力は大きく，モノを作る一般の株式会社とは同列に扱うことはできません．文化的な事業を行う特権的なメディアとして，国民の福祉と文化に貢献しなければならない存在ですが，その電波を金儲けの手段としてのみ利用していいものでしょうか．

4 視聴率

　視聴率調査には二つの起源があります．一つは，視聴者がどの番組をどの程度見ているかを知り，より良い番組作りをするために調査を始めたということです．もう一つは，早くからスポンサー付の放送を行っていたアメリカで，スポンサーが自分の支払った代金の効果を知るために，一体どのくらいの人が見ているか調査をしたということです．放送が特権的な電波利用でなければ，後者の利用のされ方は仕方がないかもしれませんが，前者の精神からみると現状は程遠いものです．日本の文化という観点からは，是非前者の使い方をしてもらいたいものです．

　しかし，その場合でも，視聴率は，テレビを見ている人の数，厳密には，テレビ受像機がどのチャンネルに合わされているかという状態を示すものとしては有効ですが，番組の質に関しては何も言っていないのです．

　ここで，民放テレビ局がよりどころにしているいわゆる「視聴率」，すなわち，ビデオリサーチ社が実施している視聴率調査について，簡単に説明しておきましょう．

　一般に東京のキー局で一喜一憂しているのは「世帯視聴率」と言われるもので，関東・関西・名古屋の3地区においては常時600世帯を対象に24時間体制で実施しています．それ以外には全国24地区で各200世帯を対象に期間を定めて実施しています．後者を併せても6,600世帯にすぎませんが，これが十分かどうかは統計学上の問題であり，また，誤差の範囲を認識して使われているかどうかの問題にもつながります．というのは，600世帯の場合の統計誤差は，視聴率10%の場合，±2.4%，視聴率20%の場合，±3.3%あります．ということは，7.6%の場合も12.4%の場合も，どちらも10%と出る可能性があるのです．ゴールデン・アワーの番組の場合，16.7%だと打ち切りになり，23.3%だったら「高視聴率」で継続という判断がなされる場合があるでしょうが，実際には同じかもしれません．ですから，視聴率を絶対的な数字としてとらえて1%の上下に一喜一憂していても意味がなく，むしろ長期間使って「傾

向」として眺めるのが正しい使い方でしょう．

「世帯視聴率」のほかに「個人視聴率」も導入されています．これは「どの年齢層の，どの性別の人が，何時から何時まで，どのチャンネルを見たか」を測定するものです．「ピープルメーター」とも呼ばれ，主としてスポンサーが商品を売り込むための手段として利用しています．この分け方は，大人は 20 〜 34 歳，35 〜 49 歳，50 歳以上の 3 区分で，男女が区別されます．15 歳刻みは大雑把すぎるという意見や，高齢人口が増えている今，50 歳以上が一つのカテゴリーというのはどうかという意見があります．子どもは 4 〜 12 歳，13 〜 19 歳の 2 区分です．

問題点としては，それ以外にも，近年のサンプリング調査の際の応諾率の低下傾向や，放送時点でテレビを見ていなくてもビデオやインターネットで視聴することもあるなど，現代のメディア環境に対応していない問題なども指摘されています．しかし，調査方法の問題点よりは，視聴率が収入に直結する商取引のあり方や，それゆえに，一定の視聴者が楽しみに見ている番組がいきなり打ち切られたり，番組の質的低下や，同時間帯の番組画一化の方が，より大きな問題と言えましょう．

5　番組の質とは何か

視聴"率"が問題になると，しばしば視聴"質"を重視しなければいけないと言われます．しかし，視聴質も人によって使い方がさまざまなので，ここでは，視聴質とは一体何なのかを探ってみました．その意味合いはおおむね三つに分けられます．

一つ目は，どういうタイプの視聴者によって構成されているか，という「視聴者構成の質」です．ここでは，性別・年齢・職業・学歴・年収等の属性があげられ，属性により番組の好きずきがあると想定されています．これは主としてスポンサーからの要望によって出されたものでした．誰が見ているかによって，自動車の広告を出したらよいか，ゲーム機の宣伝が効果的か，あるいは

ラーメンが向いているかが決まってくるでしょう．つまり，視聴者の質を知ることが出稿する商品のCMと係わるので，広告効果を図る上で重要だったのです．この問題は，ピープルメーターの導入によって，年齢・性別が分かることになり，一部，解決されました．

　二つ目は，「視聴者反応の質」です．視聴者が自分の見た番組について満足しているか，充足できたか，ということ，あるいは，集中的に見たのか何かをしながら見たのか，という視聴態度の問題も含まれます．研究者や専門家が視聴質といった場合，これまでにはこの視聴質を指す場合が多かったのです．いわゆるマスコミュニケーション研究の「受容と満足研究」の系譜がそれにあたり，欧米の研究者により為されてきました．日本ではNHKや民間放送連盟でもこれらの研究が行われています（日本民間放送連盟　1989，伊豫田　2005　参照）．

　三つ目は，「番組の質」，すなわち，番組そのものが良い番組であったか，質の高い番組であったか，人々の役に立ったのか，などが問題とされるもので，専門家や評論家，また，一般視聴者の多くはこれを問題にしてきました．別の言い方をすれば，その番組がもっている文化的，社会的，倫理的，娯楽的，情緒的，実用的……な価値を評価していたものです．専門家や評論家の意見は「番組批評」的な記事として読まれ，一般の人の意見は「投書欄」に載っています．また，特に優れた作品には，「放送文化賞」「民放連賞」「民放大賞」「ギャラクシー賞」などの表彰・褒章の対象とされてきました．

　このように，視聴質といってもいろいろなとらえ方がありますし，そのどれもが数値的な評価には馴染まないものなので，それを図る難しさがあったのです．

6　テレビ番組は誰のもの？

　上記のような視聴質の考え方があり，それぞれ目的がちがっています．一つ目の「視聴者構成の質」はスポンサーの為のものと言えましょう．二つ目の「視

聴者反応の質」は，マスコミュニケーションの「受容研究」として広く研究としては成り立ってきたのですが，実際にそれが番組編成に応用されることはありませんでした．

　三つ目の「番組の質」はそれなりに機能しているのですが，よく考えてみると，表彰される番組の数は年間を通しても限られるほどで，それは例外的な番組にすぎません．数が少ないと日常的な放送文化の向上にはつながらないのです．また，一般視聴者の意見が投書欄に出るといっても，数多くの中のほんの一握りの意見にすぎません．

　また，番組の審査に当たる人は放送研究者や評論家が多いので，「専門的な目」で番組を分析しますから，取材が行き届いた内容的に深いものが選ばれがちです．また，審査員は社会的に活躍している男性が多く，年齢も中高年がほとんどです．となると，普通の人々——在宅が多い人や，若い人，女性——が楽しんで毎日見るような番組は選ばれにくいのです．したがって，視聴質の議論において，一般の視聴者の存在は，あまり対象にはなっていなかったのです．

　そこで，私たちは，視聴率とは誰のものか，あるいは，番組は誰のものか，ということを考え始めました．電波の公共性を考えたときに，それは国民，視聴者，消費者，ユーザー，市民のものであることに気づいたのです．ユーザーが主体的に番組編成に参加することが，テレビ番組編成にとって大事なことだと考えました．番組の評価よりテレビ局がどれだけ稼げるかに視聴率が使われ，それがテレビ局の番組編成に直結しているのが実態である以上，それに対抗して市民のための視聴質の調査を行って番組評価をする必要があると思われます．しかし，ことばで番組批評をするだけでは視聴率の分かりやすさに対抗できません．そこで，番組評価を数値化することで，なんとか目に見える形で評価指標を作ろうということになりました．それについては，次章で詳しく述べますが，とにかく，「市民の目で見た番組評価を数値的にあらわす」ことに意義を見いだし，この仕事に取り組むことになったのです．

　　　　　　　　　　　　　　　　　　　　　　　　（小玉　美意子）

引用・参考文献

飽戸弘・原寿雄・木村尚三郎，2003，「視聴率問題に関する三委員長の見解と提言」『BRO報告　視聴率特集号』放送倫理・番組向上機構

伊豫田康弘，2005，「視聴質研究の今後」MMS研究会編『市民は放送を変えられるか〜テレビ番組の評価方法　2004年度活動報告』武蔵大学総合研究所，pp.25-27.

小玉美意子，2005，「視聴率の現状と問題点」MMS研究会編『市民は放送を変えられるか〜テレビ番組の評価方法　2004年度活動報告』武蔵大学総合研究所，pp.1-24.

日本民間放送連盟，2004，「視聴率等のあり方に関する調査研究会報告書」

日本民間放送連盟・放送研究所編，1989，「視聴質の研究　新たな議論の展開に向けて」

藤平芳紀，2003，「視聴率調査の功罪」『AURA』フジテレビ調査部

第2章 "質"を"量"で測る？
―尺度開発の道のり

0 はじめに

　本章では，Quaeで現在利用されている質問項目および回答方法（20項目・5件法・単極）が開発・採用されるまでの経緯について，これまで行った調査の内容とその結果を交えながら紹介していきます．このプロジェクトは，テレビ番組の質を量的に測定することを目的としており，研究開始当初は，特定の方々に，質問紙形式で非常に多くの項目を用意し網羅的に番組の評価をしてもらうことを考えていました．しかしながら，幾度か調査を重ねていくうちに，テレビ番組の質の評価を実際の番組制作へと反映させていくためには，多くの方々に幅広く気軽に番組について評価してもらい，そのデータを蓄積していく仕組をつくることが重要なのではないか，という見解にいたりました．本章では，私たちMMS研究会が，テレビ採点サイトQuaeを開始するまでにたどった番組評価方法や評価の枠組についての見解の変化についてもたどります．

1 60項目尺度の開発

(1) 調査項目作成のためのヒアリングと予備調査

　最初に，私たちが行ったのは，「番組を質的に評価するとはどういうことか」という情報収集でした．2005年5月のことです．そのために，研究会メンバーが担当するゼミナールの少人数の学生に対し，「良い番組」「悪い番組」「見たいと思う番組」「見たくないと思う番組」「よく見る番組の名前」をあげてもらいました．それらの回答をもとに，アンケートの回答を「視聴者の反応の良し

悪し」と「番組そのものの良し悪し」とに分類しました．さらに「視聴者の反応の良し悪し」を「感情面」と「機能面」とに分類し，合計三つのカテゴリーを作成しました．そして，それぞれに，「視聴者反応」（感情面），「視聴者反応」（機能面），「総合的評価」（番組評価）と名付けました．

　それぞれのカテゴリーのうち，視聴者反応（感情面）には，「娯楽性」（5項目），「共感性」（5項目），「個人の嗜好」（5項目），総合的評価（番組評価）には「テーマ」（8項目），「内容・表現」（10項目），「演出」（10項目），視聴者反応（機能面）には「実利（用）」（5項目），「教養」（5項目），「社会常識」（5項目）を含め，計58項目からなる尺度を作成しました．それぞれのカテゴリーには，回答に偏りが出ないよう，回答の方向性のポジティブな項目とネガティブな項目が，ある程度含まれるように調整しました．各項目の回答形式は，5件法・単極（1点：「あてはまらない」〜5点：「あてはまる」）を採用しました．

　次にこの尺度を用いて，予備調査を行いました．少人数の学生を回答者として，バラエティ番組，情報番組，ドキュメンタリー各1番組ずつを視聴してもらった後，評価をしてもらいました．こちらは，2005年6月に行いました．その結果，各カテゴリーの一次元性（まとまり）はある程度確保されていること，バラエティ番組では娯楽性は非常に高い一方，視聴者反応（機能面）の得点は全般的に低く，情報番組では娯楽性や共感性は高いけれど，総合的評価や視聴者反応（機能面）は全般的に低め，ドキュメンタリーでは，視聴者反応（感情面）は低い一方で，総合的評価（番組評価）と視聴者反応（機能面）は高い，といったように各番組の特徴に基づいた評価がなされていることが分かりました．

　これらの結果を受けて，58項目にさらに2項目を加えた60項目の尺度で小規模な調査を行いました（具体的な項目については，章末付録1を参照ください）．具体的には，少人数の学生にバラエティ番組を複数評価してもらうというもので，これは，2005年8月に実施しました．この調査は，同一ジャンルの番組に対して，弁別的に評価ができるかを調べることが狙いでした．結果は，いずれの番組も視聴者反応（感情面）が高く，視聴者反応（機能面）が低いという特徴を示しつつ，それぞれの番組に対する評価は分かれておりました．そのため，

この尺度はある程度有効であるという手ごたえが得られました．他方，ここでの三つのカテゴリー間の相関はかなり高く，カテゴリー間の独立性について検討する必要があることも示唆されました．

(2) 60項目を用いた調査

この60項目の尺度を用いた中規模の調査は，学生を対象として2回実施しました．一つ目は，大学生169人を回答者として，2005年7月に情報番組の一部を授業中に見せた上で，その評価を求めました．この情報番組は，『とくダネ！』（フジテレビ系）で，当時はかなり人気の高い番組でした．調査の結果は，全体的にポジティブな評価を受けていること（全項目で理論的中央値3点以上の評価），本来，視聴者反応（機能面）が高くなると予想されるジャンルでありながら，もっとも高い評価を受けたのが娯楽性であること，共感性や演出の評価は低いことが示されました．このことから，情報番組の人気は，その本来の機能に娯楽性が加わることで強まるのではないか，という示唆が得られました．

もう一つの調査は，2005年の夏休みの宿題として，大学生に自宅で好きな番組を三つ視聴してくるよう指示し，後日，その評価の回答を回収するという形で行いました．回収データは154番組分316枚でした．ジャンルは，バラエティがもっとも多く99，次いでドラマが67，その後，ニュースが36，情報番組が27，ドキュメンタリーが22と続いていました．この調査でも，尺度のまとまりを確かめるために各サブカテゴリーのα係数を算出しましたが，テーマと実利（用）で若干低い数値が出たものの，おおむね一次元性が確保されているという結果が得られました．

各サブカテゴリーの得点パターンを，視聴者が多かった上記五つのジャンルについて紹介すると，視聴者反応（感情面）はバラエティとドラマで高く，ドキュメンタリーは際立って低いことが示されました．総合的評価（番組評価）では，得点パターンが視聴者反応（感情面）とほぼ反対になっていました．そして，情報を伝える番組であるニュースと情報番組では，情報番組での演出の評価が低く，バラエティ番組なみの評価であることも示されました．視聴者反

応（機能面）では，ニュース，情報番組で高く，バラエティ，ドラマで低くなっていました．ドキュメンタリーでは，教養は高い評価である一方，実利（用）や社会常識はやや低い評価で，学生にとっては，知識にはなるが実生活には役立たない番組という位置づけがなされていました．この調査では，番組ジャンルごとに特徴的な評価がなされること，さらに特定の番組ジャンルが「良い／悪い番組」というだけでなく，番組ジャンルごとに「良い番組」の条件が異なる可能性があることも示唆されました．

さらに，この60項目を用いた小規模な調査を，2005年12月に私たち研究会が開催した公開研究会の場で，中高年の方々を参加者として行いました．ここでは，バラエティ番組，情報番組，ドキュメンタリー番組の一部をその場で視聴し，その場で評価してもらいました．その結果，バラエティ番組に対する評価はすべてのカテゴリーにおいて低くなっていました．特に，視聴者反応（感情面）は学生の評価では高かったにもかかわらず，中高年層にとってはまったく魅力的に映らないようでした．情報番組は，すべての三つのカテゴリーで中庸な評価，ドキュメンタリー番組は，すべてのカテゴリーにおいて評価が高くなっていました．この調査は，年齢層により同一番組に対する評価が異なることが示されたと同時に，普段好んで視聴しないタイプの番組を評価することの意義についても考えさせられる結果となりました．

2　34項目尺度による調査

(1) 調査の概要

次のステップとして，私たちは一般サンプルを対象にした中規模の調査を2006年8〜11月にかけて行いました．調査対象番組は，朝の情報番組2番組，夜の情報番組2番組，娯楽番組2番組でした．この6番組の1コーナーを抜粋，録画して1本にまとめたものを調査対象の素材としました．番組ジャンルの選定は，短時間で一度の視聴だけである程度評価できることを最優先し，上記の三つとしました．そして，朝・夜の情報番組は，同様の時間帯に放送され，同

一のコンセプトをもつと思われる番組を二つずつ選択しました．娯楽番組は，週末の夕方～ゴールデンタイムの番組で視聴率が高く，かつコンセプトが違うと思われるもの（当時人気の「お笑い系」番組と伝統的な番組）を一つずつ選択しました．対象番組は，朝の情報番組では，『生活ほっとモーニング』(NHK) と『朝は楽しく！』(テレビ東京系)，夜の情報番組は，『ブロードキャスター』(TBS系) と『スタ☆メン』(フジテレビ系)，娯楽番組は『笑点』(日本テレビ系) と『めちゃ×2イケてるッ！』(フジテレビ系) でした（このうち，朝・夜の情報番組は，2012年10月現在すべて放送終了）．

　評価項目は，一般の方々が回答しやすいように，番組の評価軸である三つのカテゴリーの枠組はそのままに，項目数を60から34まで削減しました．具体的には，視聴者の感情面の反応をたずねる12項目（「笑える」「リラックスできる」「映像がきれい」「みんなが楽しめる」など），番組の演出面についての評価をたずねる15項目（「話題性がある」「わかりやすい」「演出がよい」「差別的表現がある」など），視聴者の実用面の反応をたずねる7項目（「役に立つ」「人との話題になる」「知りたい情報が得られる」など）で構成しました（具体的な項目は，章末付録2を参照ください）．各項目の質問方法には，5件法・単極（1点：「あてはまらない」～3点：「どちらともいえない」～5点：「あてはまる」）を採用しました．調査対象者は，10～80代の男女374人でした．

(2) 調査の結果

　この調査の主な結果は以下の通りでした（図表2-1～2-3を参照ください）．

　まず，朝の情報番組の二つを比較すると，視聴者の感情面での評価は，両番組とも全体的に中庸でしたが，評価得点で統計的に有意な差が7項目で見られました．ここでは，『朝は楽しく！』が肯定的な評価を得たものは「軽い」の1項目のみで，残り6項目は『生活ほっとモーニング』が肯定的な評価を得ていました．また，演出面での評価は，両番組とも比較的高い評価を得ていたものの，統計的に有意な差が見られた12項目のうち，『朝は楽しく！』が高い評価を得たものは「話題性がある」1項目のみで，残りの11項目は『生活ほっ

とモーニング』のほうが肯定的な評価を得ていました．調査対象者は，『生活ほっとモーニング』のほうを，わかりやすく，公平で，品のよい番組ととらえる一方で，それに比べると『朝は楽しく！』はくだらなく，おしつけがましく，騒々しい番組としてとらえていたようでした．さらに，演出そのものや独創性については，両番組とも決して高い評価がされていませんでした．視聴者の実用面での評価は，感情面での評価と同様に，全体的に中庸でしたが，統計的に有意差が得られた6項目のうち，『朝は楽しく！』のほうが高いものが2項目（「情報が早い」「世の中がわかる」），『生活ほっとモーニング』が高いものが4項目（「役に立つ」「教養が身につく」「視野が広がる」「知りたい情報が得られる」）ありました．情報番組では，番組制作にあたり実用面が重視されるはずですが，両番組は実用面として高く評価される点が異なっておりました．

　視聴者属性の違いによる評価の違いを見ると，『朝は楽しく！』は，年齢により評価がほとんど変わらず，主婦層がやや高い評価をしていましたが，『生活ほっとモーニング』は高年層，主婦層が圧倒的に高い評価をしており，NHKの視聴者層とも重なる層での人気がうかがえました．

　夜の情報番組を比較すると，調査対象者の感情面での評価は，朝の情報番組同様に両番組とも中庸でしたが，二つの番組の間で統計的に有意な差が見られた項目が5項目あり，すべてにおいて『スタ☆メン』が肯定的な評価を得ていました．演出面での評価は，概して高い評価を得ていましたが，統計的に有意差が見られた7項目のうち，『ブロードキャスター』が肯定的な評価を得た項目は「話題性がある」の1項目のみでした．残り6項目はすべて『スタ☆メン』が高い評価を得ており，「演出がよい」の項目でも『スタ☆メン』が肯定的な評価を得ていました．そして，「差別的表現がある」「過剰な性表現がある」の項目で有意差が見られたこと（両項目とも，『ブロードキャスター』のほうが否定的評価），「品のよい」が両番組とも低い評価にとどまっていたことも特徴的でした．さらに，視聴者の実用面の評価は，情報番組でありながら，中庸な評価にとどまっていました．両番組間で統計的に有意な差が見られた項目は5項目ありましたが，『スタ☆メン』の評価が高かったのは「役に立つ」1項目のみで，

残りの4項目はすべて「ブロードキャスター」のほうが高い評価でした．夜の情報番組は，教養よりもエンターテイメント性を追求していることの表れといえそうな結果でした．

　視聴者属性の違いによる評価の違いを見ると，『ブロードキャスター』は，視聴経験者にやや女性が多く，『スタ☆メン』は視聴経験者に男性，特に，20～30代の男性が多いようでした．『ブロードキャスター』の評価は，「笑える」「話題性がある」で勤め人が厳しい評価を行っていました．また，「公平な」「品のよい」「差別的表現が多い」「繰り返し表現が多い」「過剰な性表現がある」で学生の評価が低く，人権に配慮しない内容に厳しい評価をする傾向がみられました．『スタ☆メン』の評価は，20代では全体的に肯定的，30代では全体的に否定的であることも示されました．また，『スタ☆メン』に対しても，勤め人の評価は厳しく，「出演者が好き」「映像がきれい」「音楽がよい」「テンポがよい」など視聴者の感情面の反応の中でも，やや演出的な意味合いが強いものや，「社会性がある」「くだらない」「世の中がわかる」といった社会人の目から見て内容が充実しているかどうかといった判断にかかわる項目で，他の属性の人々よりも評価が厳しくなっていました．男女別にみると，両番組とも，女性の評価が男性に比べて全般的に肯定的でした．この点については，女性が番組に対して見る目が甘いのか，それとも極端な評価をすることに対する遠慮が表れているのかは，データからだけでは判断できない結果となりました．

　娯楽番組を比較すると，感情面での評価が極端で，しかも両番組に対する評価傾向も異なっていることが示されました（感情面での評価項目すべてで，統計的に有意な差がありました）．そのうち『めちゃ×2イケてるッ！』が肯定的な評価を得たのは「軽い」の1項目のみで，残りの項目はすべて『笑点』が肯定的な評価を得ていました．番組の「軽さ」は肯定的にも否定的にもとらえられる要素であるため，全体としては『笑点』のほうが，調査対象者にとって感情的に好ましい番組ととらえられていたようでした．ただし，項目間の相関係数から両番組を肯定的に評定する人が質的に異なっていることも示唆されており，番組の感情的な評価について一面的に解釈することには注意が必要な結果とも

いえます．

　番組の演出面での評価では，『めちゃ×2イケてるッ！』に評価の上で最低の1点台を得ている項目が二つありました．また，かなり肯定的であることを示す4点台の評価の項目は一つもなく，全体的にこの番組の演出や番組制作に対する評価は低かったようでした．『笑点』では，すべての項目で理論的中央値3点以上の評価がなされており，演出や番組制作に対する姿勢は概して高いことが示されました．そして，この2番組の間で「話題性がある」「わかりやすい」「公平な」「演出がよい」の4項目は有意な正の相関がみられておらず，これらの項目についてそれぞれの番組に対する評定者の評価が異なっていることが示唆されました．2番組の間では，「話題性がある」をのぞいたすべての項目で評価得点の平均値に統計的に有意な差があり，すべて『笑点』のほうが高い評価を得ていました．特に，「品のよい」「騒々しい」で評価の差が大きくなっていました．

　調査対象者の実用面の評価は，『めちゃ×2イケてるッ！』の「人との話題になる」以外，両番組ともきわめて低くなっていました．しかしながら，その中でも2番組の間に「人との話題になる」以外に統計的に有意な差がみられ，すべて『笑点』がよい評価を受けていました．娯楽番組において，実用面での評価が低いことは，番組制作の意図として問題はほとんどないと思われます．ただし，その中でも『めちゃ×2イケてるッ！』はまったく実用的でないという評価を受けていたと言えます．

　両番組の視聴者属性の属性を見ると，『めちゃ×2イケてるッ！』は，「よく見る」人が全回答者の4分の1，「見たことがない」人も同じく4分の1を占めており，固定ファンがある程度いる一方，視聴機会がまったくない人もいるタイプの番組であることが分かりました．他方，『笑点』は，「見たことがない」という人は全回答者の1割以下で，今回評価対象とした6番組中もっとも少なく，誰もが一度は見たことがある番組であることが示されました．40年以上も同曜日のほぼ同時間帯で放送が続けられていることから，累積の視聴機会の多さが他の5番組とは別格であったことも，要因の一つと言えるでしょう．

年齢別では,『めちゃ×2イケてるッ!』は10代, 20代の若年層に人気があり, 10代, 20代は40%以上が「よく見る」または「しばしば見る」と回答していた一方, 60代では3分の2以上, 70代では全員が「見たことがない」と回答していました.『笑点』は逆に高齢者層に人気の番組で, 特に, 50代, 60代では半数が「毎回見る」「しばしば見る」と回答していました. この状況を反映して,『めちゃ×2イケてるッ!』は10代, 20代と, 50代以上との間で, 感情面の評価のすべての項目で統計的に有意な差が見られ, すべて10代, 20代のほうが高い評価となっていました. しかし,「公平な」「品のよい」「くだらない」「騒々しい」といった演出面での評価は, 10代, 20代であっても50代以上の人と同様に低い評価をしており, 若い人々はこの番組に対して「おもしろいが良質ではない番組」という評価をしていたことが示唆されました. 実

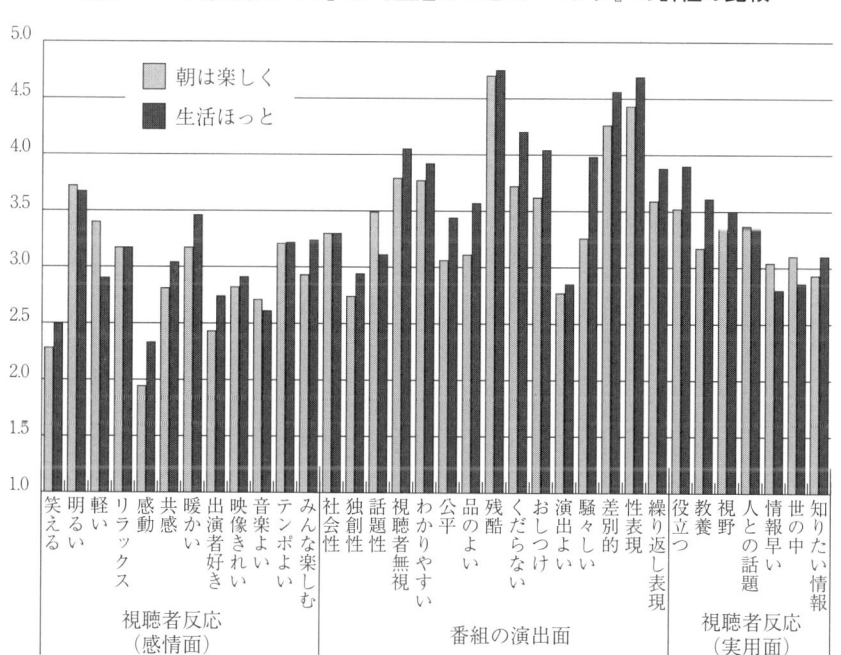

図表 2-1 『朝は楽しく!』と『生活ほっとモーニング』の評価の比較

用面では,「人との話題になる」が10代,20代でかなり高く,50代以上と非常に大きな差が見られました.若い人々はこの番組を見ている人が多いことから,番組についての会話を友人間で頻繁に行うなど,番組をコミュニケーションのツールとして使っていると考えられます.

『笑点』は,逆に50代以上の人の評価が高い番組と言えます.感情面の評価では,特に「笑える」と「リラックスできる」で若年層との差が大きくなっていました.演出面の評価を見ると,この番組が高齢層にとって,おしつけがましさや騒々しさが少ない,落ち着いて楽しめる番組であることが示唆されました.実用面の評価では,70代以上で「人との話題になる」が突出して高く,高齢者の間で話題となっている様子がうかがえました.

なお,『めちゃ×2イケてるッ!』の場合,学生の評価が高い一方,主婦の

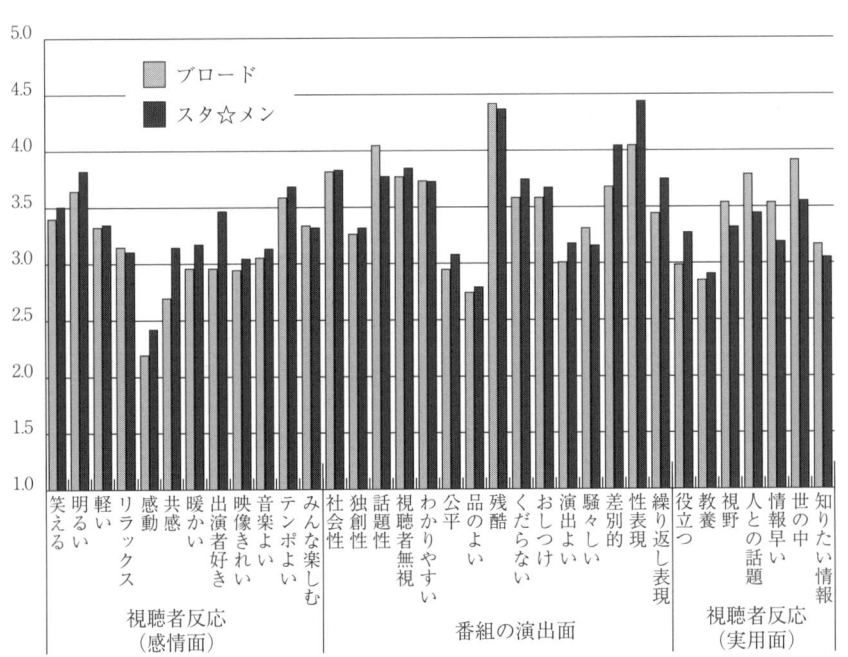

図表 2-2 『ブロードキャスター』と『スタ☆メン』の評価の比較

評価が低いことも特徴的でした．主婦層は，これ以外の 5 番組については，全体的に中庸からやや肯定的な評価をしており，この番組だけに辛口の評価をしていました．この番組は，日本 PTA 全国協議会による「子どもに見せたくない番組」のベスト 10 の常連であり，子どもをもつ母親から見れば「目の敵」とも言える番組です．そのことが，今回の評価に影響している可能性はあるかもしれません．しかし，「子どもに見せたくない番組」調査での回答は，実際には視聴したことがないのにイメージで「悪い番組」と回答していることも多いため，この調査のように実際に視聴してもらったうえでも否定的な評価を得たということは，番組に対する正当な評価として価値あるものと言えるかもしれません．

『笑点』の評価を属性別に見てみると，女性からの評価が高く，学生からの

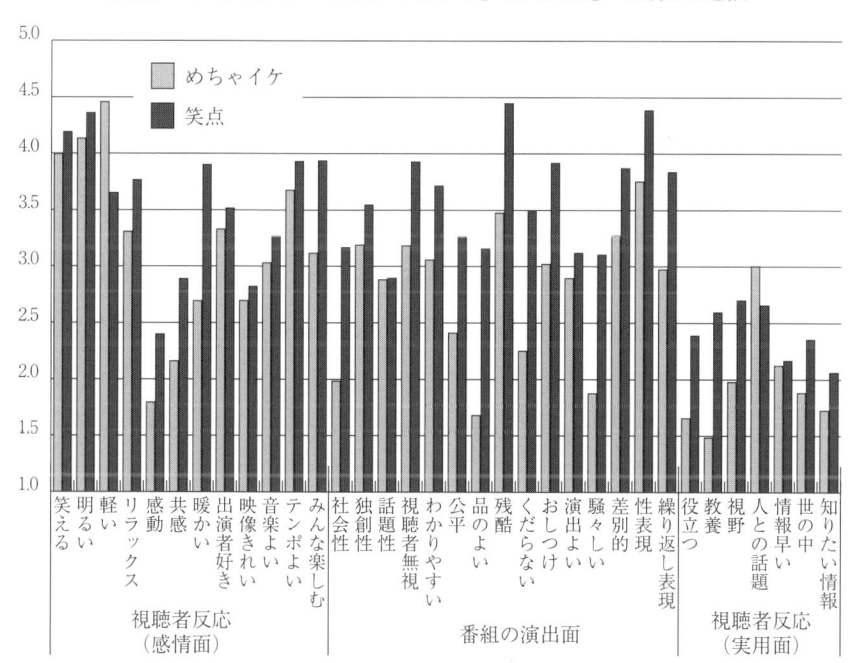

図表 2-3 『めちゃ×２イケてるッ！』と『笑点』の評価の比較

評価がもっとも低くなっていました．ただし，この調査では，録画した番組の提示順序をランダムにしなかったため，直前に示された『めちゃ×2イケてるッ！』との対比効果が色濃く出た可能性も否定できないでしょう．

3　4軸尺度の誕生へ

(1) 新たな評価軸の導入へ

　34項目による調査を終えたところで，調査における課題がいくつか出てきました．まず一つ目に，当初想定していた三つのカテゴリーが妥当かどうか，という点があげられました．先の調査は，テレビ番組を評価する際に「感情面」「演出面」「実用面」の三つのカテゴリーを想定し，調査項目を設定してきました．しかし，このカテゴリーで実際に調査結果をまとめてみると，テレビ番組における「ネガティブな面の少なさ」を示す項目の得点が，すべての番組において突出するという結果が示されました．これらの項目は，演出面での質問項目を設定した時，メディア内容が社会的に問題にされる際のネガティブな側面（過激な性表現，暴力，残酷さなど非倫理的な側面）を考え，それを含まないことを評価する方向で設定したものでした．しかし，老若男女，さまざまな属性の人々が視聴することを前提とする地上波のテレビでは，極端に倫理的でない表現は避けることが原則であり，したがって，通常編成で朝〜プライムタイムまでの時間帯に放映される番組には，倫理的に問題となるような表現はほとんど含まれていないと想定されます．そして，先の調査において，評価対象となった番組もその例外ではなかったと考えられます．

　そこで，これらの項目を四つ目の評価軸として独立させ，34項目を四つのカテゴリーに分類しなおすという作業を行いました．その際，四つのカテゴリーに含まれる項目数に差があまり生じないように配慮しつつ，再編成を行いました．また，それに伴い，それぞれのカテゴリー名を一部変更しました．以下がその分類となります．

品質評価8項目：映像がきれい，音楽がよい，社会性がある，独創性がある，わかりやすい，公平な，品のよい，演出がよい
　慰安評価10項目：笑える，明るい，軽い，リラックスできる，感動できる，共感できる，暖かい，出演者が好き，テンポがよい，みんなが楽しめる
　実用評価8項目：話題性がある，役に立つ，教養が身につく，視野が広がる，人との話題になる，情報が早い，世の中がわかる，知りたい情報が得られる
　倫理評価8項目（逆転）：差別的表現がある，過剰な性表現がある，視聴者を無視した，残酷な，くだらない，おしつけがましい，騒々しい，繰り返し表現が多い

(2) 四つの評価軸による番組評価の可視化

　先に得られた数値をもとに，四つのカテゴリーの調査項目から算出される得点を，品質—倫理，慰安—実用の直交する2本の軸の上に配置する形で視覚化することを試みました．プロットする得点は，カテゴリーごとの項目の得点の平均値を用いました．先の調査では，5件法・単極で得点の範囲は「1」〜「5」であり，「3」が，「どちらともいえない」という評価になるよう設計しました．したがって，図示にあたって，「1」を原点とし（理論的最低点），「3」の部分に基準線を入れることで，そのカテゴリーにおける評価がポジティブかネガティブか，一目で分かるように作成しました．そして，番組の質を高く評価されれば図は上方向に伸び，倫理的に問題があると評価される場合には，図が下方向に伸びるように，さらに，慰安評価が高ければ図は左方向に，実用評価が高ければ図は右方向に広がるように軸を設定しました．たとえば，娯楽番組であれば，図が左方向に伸びていれば，右方向への広がりが小さくてもさほど問題にはなりませんが，下方向への伸びがないと番組としての倫理性が疑われることになり，上方向への伸びがない場合には，番組の作りが雑であると評価されている可能性があることになります．また，情報番組であれば，図が左方向へ広がっていなくても，右方向へ伸びていれば，それで番組としての役割を果たしていると言えます．このような想定で，番組間の比較を行ってみました．

(3) さまざまな番組の比較

先の調査の対象となった番組のうち,ここでは『めちゃ×2イケてるッ!』と『生活ほっとモーニング』の比較,および『めちゃ×2イケてるッ!』と『笑点』の比較を例として取り上げます.『めちゃ×2イケてるッ!』は娯楽番組であり,『生活ほっとモーニング』は毎朝放送される情報番組でした.したがって,慰安評価では前者がすぐれ,実用評価では『生活ほっとモーニング』が評価されていることが望ましいわけですが,実際の評価でも,図表2-4を見ると,そのような結果が読み取れることが分かります.一方,番組ジャンルの特徴とは独立した品質の面や倫理面での評価は,後者が高いのも読み取れました.また,『めちゃ×2イケてるッ!』と『笑点』との比較では,両番組とも慰安評価は高く実用評価が低いという娯楽番組の特徴を示しているものの,『めちゃ×2イケてるッ!』のほうが,品質面や倫理面において評価が低く,『めちゃ×2イケてるッ!』は面白いけれど,質の低い番組,『笑点』は面白くて質も高い番組と評価されたことが,図表2-5を見ると分かります.

図表2-4 『めちゃ×2イケてるッ!』と『生活ほっとモーニング』の4軸での比較

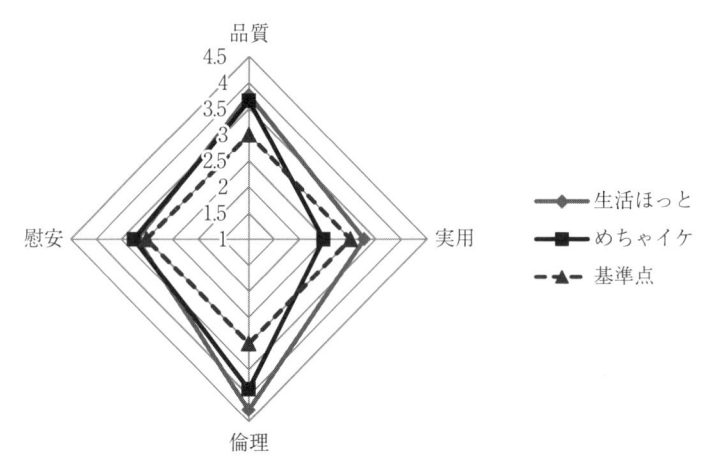

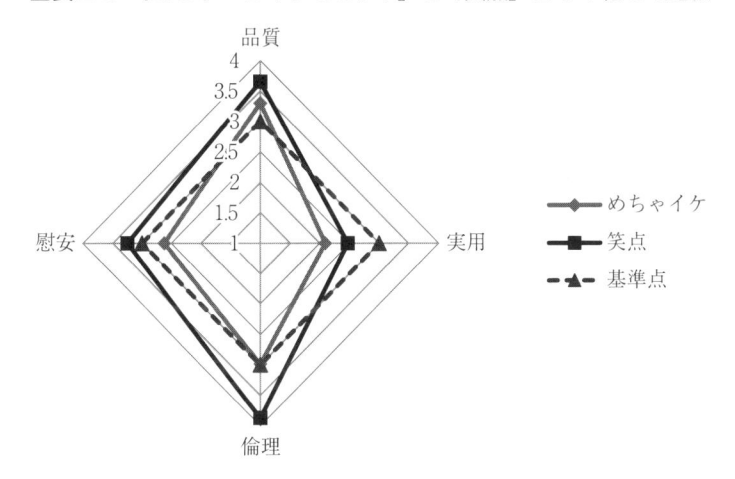

図表2-5 『めちゃ×2イケてるッ！』と『笑点』との4軸での比較

―◆― めちゃイケ
―■― 笑点
--▲-- 基準点

4　20項目・単極尺度の開発へ

(1) 新たな研究課題の検証へ

　以上のように，この評価軸を用いると，まず，種類の違う番組の特徴が一目で分かりやすくなりました．そこで，現在のQuaeの原型とも言える4軸での評価という考え方を踏襲しつつ，尺度の開発をさらに進めていくことになりました．研究会での討議を重ね，この調査方法をさらに洗練させるために，以下の三つの研究課題を設定しました．

　その1：多様な種類の番組にも対応できるか
　その2：番組評価の簡潔表現の手法として，4軸での評価は適切か
　その3：回答形式は，どのような形が適切か

　このそれぞれの研究課題の検証を目的とした新たな調査を設計し，2007年6～7月に実施しました．まず，評価してもらう番組については，これまで行ってきた調査の対象の朝・夜の「情報番組」および「娯楽番組」に加え，ここでは，ニュース番組として『報道ステーション』(テレビ朝日系)，スポーツ番組

として『すぽると』（フジテレビ系），ドラマとして『どんど晴れ』（NHK，朝の連続テレビ小説）を加えました．

また，先の調査で設定した，評価項目を「慰安評価」「品質評価」「実用評価」「倫理評価」の四つのカテゴリーの分類の妥当性の検証を行いました．

さらに，これまでの調査での回答形式として5件法・単極に加え，回答形式に「あてはまる」「あてはまらない」の2件法および5件法・両極も用いて，それぞれの方法で別の番組を評価してもらう形をとったうえで，評価しやすさと正確さをもっとも確保できるのはどの方法か，確認したいと考えました．

調査の手続きは，まず，評価対象となった『報道ステーション』『すぽると』『どんど晴れ』の三つの番組を，それぞれ切りの良い15〜20分程度取り出して視聴してもらいました．調査に協力したのは，武蔵大学でゼミナールに参加している学生（1〜4年）94人でした．番組を見た後ですぐ，各自に与えられた5件法・単極，5件法・両極，2件法の調査用紙で，番組に対する評価を記入してもらいました．

また，それまで34項目あった質問をさらに精査して，研究会メンバーの討議により22項目まで絞り込みました（具体的な内容については章末付録3を参照ください）．調査対象者はほぼ同質となるように各クラスともそれぞれ3グループに分け，各グループとも1番組につき一つの方法で，3番組を評価するうちに3方法すべてでの評価を経験できるようローテーションを組みました．実施後，調査法についての意見も聞きました．

(2) 調査の結果

採用した22の評価項目のうち，3番組すべてにおいて5件法を採用した2グループ分の回答を，中央値を0に変換したうえで平均値と標準偏差を確認しました．どの番組においても平均値の絶対値が小さく，標準偏差も小さいものがないかどうかを調べることで，「どちらともいえない」という評価に集中している項目を探すことにしました．このような項目は，評価項目として弁別性が低いため，不要である可能性が高いからです．

第2章 "質"を"量"で測る？　37

　番組ごとに見ると,『報道ステーション』では,「音楽がよい」「繰り返しが多い」の2項目の平均値が, 0に近くなっていました. しかし, 標準偏差はある程度大きく, 評価の幅はあるようでした. これは, 報道番組としての特性上, 音楽などの情緒的要素は少ないため, 評価のしようがないこと, また「繰り返し」については, ニュースはその性質上, 場面の再現などがある程度必要なため, 何を繰り返しとするか, また繰り返しの数の多寡について評価しにくいことを示す結果かもしれません.

　『すぽると』では,「品がよい」「内容が濃い」「社会性がある」が絶対値も小さく, ばらつきも大きくないことが示されました. また, スポーツニュースのように, 事実に基礎を置くことが望ましいとされる番組でありながら, 映像や音楽での評価の絶対値がプラス方向に出ているという興味深い結果も得られました.

　『どんど晴れ』は, ドラマなので「楽しい」「リラックスする」「出演者が好き」といった娯楽評価や, 品質面でも芸術性と関わるような「独創性がある」「内容が濃い」などの評価が高いのではと思われました. しかしながら, 実際の評価は,「楽しい」のみ若干のプラス評価があっただけで, あとは平均値が0に近く, また, 出演者についてはマイナス評価を受けていました. ただし,「楽しい」や「リラックスする」の項目については標準偏差が非常に大きく, 評価に幅があったことも示されました.

　これらの結果から, 平均値の絶対値の小ささは, 集計の結果平均化されたものであり, 意味がないのではないことが示されました.「公平だ」「独創性がある」は標準偏差も小さく, 評価の幅が小さかったのですが, これらの項目は, 評価する側に相当のメディア・リテラシーが求められる項目と言えるでしょう. また, 何か放送内容に重大な問題が起こった場合などには, 強く意識され, 重要性が増す項目と考えられます.

　これらの結果を, 先に設定した四つのカテゴリーに分けて計算し, 図表2-6に示しました. これを見ますと,『すぽると』と『どんど晴れ』の慰安評価がほぼ同じでした. 番組ジャンルは違えども, どちらもその番組のファンにとっ

ては「慰安」となりうることが示されたと言えます．また，『報道ステーション』が実用評価において，他2番組をしのいでいるところは，やはり報道の公共的役割，社会情報の実用性が評価されていたことが分かります．品質評価については，『どんど晴れ』が高得点を示していましたが，これは，音楽に対する好評価が，品質評価全体を押し上げている可能性があります．また，『すぽると』が次に高い評価であることは，出演者が印象を左右している可能性が示唆されます．「倫理得点」は，どれも高得点であり，老若男女幅広く見られている地上波テレビとしては，合格と言える内容だったようです．このように，4カテゴリーによる分類は，番組評価の特徴をとらえる大きな枠組として，分かりやすく有効であると考えられます．しかしながら，この4分類が統計的に意味あるものであるかどうかについては，疑問の余地が残っています．

さらに，それぞれの回答形式による評価の差についても示してみました（図表2-7を参照ください）．この調査では，単極・両極の数値を0を中間点として-2〜+2の範囲での平均値を示しました．また，2件法については，丸をつけた人数が全回答者に占める比率を計算しました．その結果，全般的に尺度値が与えられる二つの方法では，差異の見られる項目はあまりありませんでした．

図表2-6　『報道ステーション』『すぽると』『どんど晴れ』の4軸での評価の比較

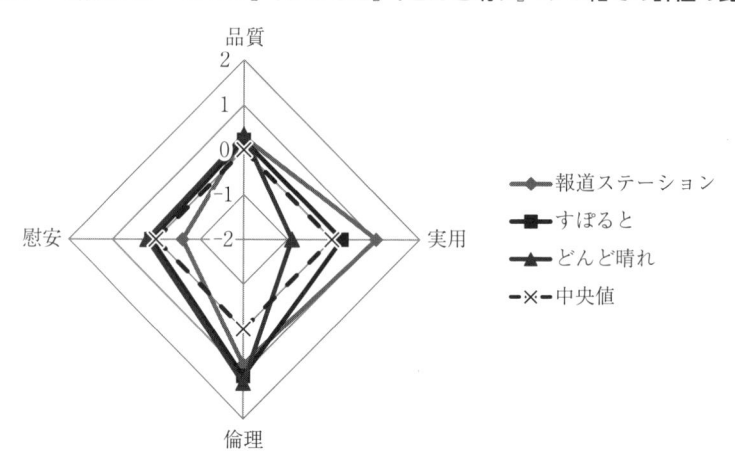

また，2件法は，倫理評価をのぞき，評価得点がプラスで絶対値が大きいほど丸をつける比率が高くなり，倫理評価では，評価得点がマイナスで絶対値が大きいほど丸をつける比率が少なくなるという結果となりました（逆転項目のため）．差異が見られた項目は，慰安評価と品質評価に多く，しかし，どの番組とどの番組の間，また，特定の項目で差異が見られるといった特徴は示されませんでした．さらに，回答者の自由回答から，2件法は，簡単ではあるが，自分で評価している実感に乏しい，丸をつければ全肯定，つけなければ全否定という絶対的な評価をする決断が難しいため，一見，手間がかかりそうに見えても選択肢の多いほうが答えやすい，という声が寄せられました．これらの結果を踏まえ，その後の調査においても回答方式を，従来どおり「5件法・単極」とすることにしました．

図表 2-7　回答方法の違いによる『報道ステーション』『すぽると』『どんど晴れ』の評価の比較

『報道ステーション』

評価項目	楽しい	リラックス	感動する	出演者が好き	映像がきれい	音楽がよい
単　極	-0.79	-0.96	-1.46	-0.64	0.18	-0.11
両　極	-0.89	-1.04	-1.39	-0.32	0.29	-0.04
比　率	0.00%	3.13%	0.00%	6.25%	12.50%	9.38%
評価項目	わかりやすい	公平だ	品がよい	内容が濃い	知りたい情報	
単　極	1.11	-0.11	0.25	0.71	0.59	
両　極	0.54	-0.21	-0.71	0.44	0.54	
比　率	40.63%	3.13%	12.50%	18.75%	31.25%	
評価項目	繰り返し表現多	暴力的表現	過剰な性表現	反社会的表現	差別的表現	
単　極	0.14	-1.32	-1.96	-0.68	-1.14	
両　極	0.00	-1.39	-1.79	0.50	-1.07	
比　率	15.63%	0.00%	0.00%	3.13%	3.13%	
評価項目	社会性がある	独創性がある	話題性がある	生活役立つ	教養身に付く	世の中わかる
単　極	1.32	-0.11	1.32	0.46	0.71	1.57
両　極	1.04	-0.21	1.14	0.54	0.61	1.18
比　率	56.25%	6.25%	65.63%	18.75%	28.13%	15.63%

『すぽると』

評価項目	楽しい	リラックス	感動する	出演者が好き	映像がきれい	音楽がよい
単 極	0.34	-0.50	-0.59	-0.34	0.34	0.28
両 極	0.81	-0.07	-0.14	0.10	0.48	0.69
比 率	25.93%	25.93%	7.14%	17.86%	32.14%	42.86%
評価項目	わかりやすい	公平だ	品がよい	内容が濃い	知りたい情報	
単 極	0.77	-0.03	-0.03	-0.12	0.42	
両 極	0.69	-0.21	0.03	0.07	0.62	
比 率	64.29%	14.29%	0.00%	7.14%	50.00%	
評価項目	繰り返し表現多	暴力的表現	過剰な性表現	反社会的表現	差別的表現	
単 極	-0.59	-0.66	-1.56	-1.31	-1.16	
両 極	-0.38	-0.59	-1.36	-1.38	-0.48	
比 率	7.14%	39.29%	0.00%	0.00%	10.71%	
評価項目	社会性がある	独創性がある	話題性がある	生活役立つ	教養身に付く	世の中わかる
単 極	-0.28	-0.34	1.13	-0.34	-0.28	0.53
両 極	0.17	-0.07	0.83	-0.31	-0.28	0.55
比 率	7.14%	0.00%	75.00%	7.14%	3.57%	28.57%

『どんど晴れ』

評価項目	楽しい	リラックス	感動する	出演者が好き	映像がきれい	音楽がよい
単 極	0.11	-0.18	-0.36	0.07	0.75	0.54
両 極	0.31	0.16	-0.50	0.16	0.69	0.69
比 率	34.48%	17.24%	0.00%	17.24%	51.72%	58.62%
評価項目	わかりやすい	公平だ	品がよい	内容が濃い	知りたい情報	
単 極	0.32	-0.18	0.43	-0.25	-1.44	
両 極	0.78	-0.07	0.59	0.06	-1.22	
比 率	34.48%	10.34%	37.93%	6.90%	0.00%	
評価項目	繰り返し表現多	暴力的表現	過剰な性表現	反社会的表現	差別的表現	
単 極	-0.79	-1.50	-1.25	-1.43	-0.82	
両 極	-0.75	-1.31	-1.44	-1.34	-0.58	
比 率	0.00%	3.45%	0.00%	3.45%	20.69%	
評価項目	社会性がある	独創性がある	話題性がある	生活役立つ	教養身に付く	世の中わかる
単 極	-0.43	0.07	-0.57	-1.18	-0.76	-1.18
両 極	0.17	-0.07	0.83	-0.78	-0.42	-0.75
比 率	3.45%	27.59%	6.90%	0.00%	6.90%	3.45%

5 20項目尺度の完成,そしてQuaeへ

(1) 20項目尺度の作成・運用

　以上のような複数の調査を経て,インターネット調査として公開するために,さらに4カテゴリーに配分された20項目の尺度を作成することになりました.まず最初に設定した項目は以下の通りです.

　　慰安評価：楽しい,リラックスできる,感動する,出演者が好き,映像がきれい,音楽がよい
　　実用評価：社会性がある,話題性がある,生活に役立つ,教養が身につく
　　品質評価：独創性がある,公正である,品がよい,内容が濃い,分かりやすい,繰り返し表現が多い(逆転)
　　倫理評価：性表現が過剰である,暴力表現が過剰である,反社会的である,差別的表現がある(すべて逆転)

　さらに,インターネット調査を実施するにあたり若干の文言の修正を加え,また,「慰安評価」を「娯楽評価」に名称を変更したうえで,最終案を以下の通りとしました.

　　娯楽評価4項目：楽しい,リラックスする,感動する,出演者が好き
　　品質評価7項目：映像が良い,音楽が良い,品が良い,独創性がある,公正である,繰り返し表現が多い,わかりやすい
　　実用評価5項目：内容が濃い,社会性がある,生活に役立つ,教養が身につく,話題性がある
　　倫理評価4項目：暴力表現が過剰である,性表現が過剰である,反社会的である,差別的表現がある

　これらを用いたインターネット調査は,2008年12月に武蔵大学同窓会にも調査協力を依頼した大晦日調査から開始され,全部で5回行われました.その後,調査を重ねるうちに,それぞれのカテゴリーの項目数を揃えたほうがよい

こと，また，調査項目の文言の一部が，番組ジャンルによっては回答しにくいことがある，といった指摘を受け，2010年6月より，以下の新たな20項目尺度を採用しました．新たな尺度を採用した調査は，2012年10月までに14回実施されています．新たな調査項目は，以下の通りです．

娯楽評価5項目：楽しい，リラックスする，感動できる，共感できる，出演者が好き
品質評価5項目：映像や音楽が良い，演出が良い，品が良い，独創性がある，構成が適切である
実用評価5項目：見ごたえがある，世の中のことがわかる，生活に役立つ，教養が身につく，話題性がある
倫理評価5項目：公正さに欠ける，良識に反する，暴力表現が過剰である，性表現が過剰である，差別的表現がある（すべて逆転項目）

(2) 今後の課題

　20項目の尺度を利用した調査も，すでに19回を数えるまでになり，その過程で，いくつか課題も見えてきました．現時点であがっている問題点をここで示し，本章を締めくくりたいと思います．

　一つ目としては，採点しにくい番組ジャンルがある．特にスポーツ中継については，競技の人気や成績に対する評価と番組制作上の評価が混同してしまい，評価しにくい，という声が何度か聞かれました．そして，スポーツ中継のための採点尺度については，別途開発する必要があるのではないか，という意見がこれまで多く寄せられてきました．それを受けて，2012年8月に，試験的にロンドンオリンピック中継に対する採点を，新たな評価項目を設定して実施しました（詳細は，第7章をご参照ください）．

　二つ目として，調査への1回あたりの参加者が少ないため，各番組に対する評価を統計的に検討することが難しいことがあげられます．これについては，一つの番組についての評価は非常に少なく，頻繁な番組改編の影響のため，複数の調査の結果に同一番組が含まれることがまれなことから，番組ジャンルご

となどにまとめてメタ分析の形で検討を進める，といった作業が必要となるでしょう．

三つ目として，四つのカテゴリーそれぞれの一次元性や独立性についての検討が，厳密になされていない点があげられます．これについても，これまで収集したデータをすべて合算したうえで，全番組および番組ジャンルごとで，4カテゴリーの有効性を検討することが求められます．

最後に，インターネット調査における回答のしやすさの問題があります．研究会では，当初60項目あった調査項目を20項目まで絞り込み，一般の方々が調査へ参加しやすくするための取り組みを長年続けてきました．しかし，昨今，調査への参加者数は頭打ちであり，その原因として，採点の面倒くささや，調査項目が番組の評価したい点と合致していない，いわば，「靴に合わせて」評価しなくてはならない窮屈さも指摘されました．したがって，今後は，回答方式や調査項目をさらに洗練すること，場合により，調査項目を削減したり，自由記述を量的に把握できたりするような仕組みを考えるなど，Quaeの目標とする「番組の質を量的に把握する」ための有効な仕掛けを考案していくような努力が必要となります．

(山下 玲子)

参考文献
NHK放送文化研究所編，2005，『テレビ視聴の50年』NHK出版
小玉美意子，2005，「視聴率の現状と問題点」『市民はテレビを変えられるか〜テレビ番組の評価方法』MMS武蔵メディアと社会研究会
篠原俊行・清水英夫・原由美子・今村庸一・西野輝彦，2004，「テレビ番組とテレビCMの"質"に関する研究」吉田秀雄記念事業財団平成15年度（第37次）助成研究集，pp.37-59．
戸田桂太・小玉美意子・山下玲子・小保方恒雄・溝口勲夫・中條浩，2007，「視聴者によるテレビ番組評価 調査報告」『視聴者によるテレビ番組評価調査〜番組評価指標の開発研究』MMS武蔵メディアと社会研究会
武蔵メディアと社会研究会編，2006，『視聴者によるテレビ番組評価調査〜番組評価指標の開発研究』武蔵大学総合研究所

付録1　60項目尺度の質問項目
〈視聴者反応（感情面）〉
・娯楽性：笑える，軽い，リラックスできる，難しい，硬い
・共感性：家族で楽しめる，感動できる，共感できる，暖かい，明るい
・個人の嗜好：出演者が好き，音楽がよい，テンポがよい，映像がきれい，好感がもてる
〈総合的評価（番組評価）〉
・テーマ：社会性がある，独自性がある，タイムリーである，話題性がある，視点が一方的な，底が浅い，商業主義的な，視聴者を低く見ている
・表現：わかりやすい，公平な，事実に基づいている，差別表現がある，上品な，芸術性がある，人権侵害をしている，強要的な，低俗な，残酷な，わいせつな
・演出：出演者が適切な，カメラワークがよい，演出が自然な，演出がていねいな，繰り返し表現が多すぎる，ワンパターンな，内輪ウケが多い，演出が過剰な，音声がうるさい，テロップが多すぎる
〈視聴者反応（機能面）〉
・実利（用）：情報が早い，知りたい情報が得られる，流行がわかる，役に立つ，くだらない，時間の無駄になる
・教養：ためになる，知識が増える，新しい興味が沸く，多様な価値観がわかる，人との話題になる
・社会常識：世の中がわかる，政治・経済がわかる，世界情勢がわかる，視野が広がる，社会常識が得られる

付録2　34項目尺度の質問項目
〈視聴者反応：感情面〉笑える，明るい，軽い，リラックスできる，感動できる，共感できる，暖かい，出演者が好き，映像がきれい，音楽がよい，テンポがよい，みんなが楽しめる
〈番組の演出面〉社会性がある，独創性がある，話題性がある，視聴者を無視した（逆転項目），わかりやすい，公平な，品のよい，残酷な（逆転項目），くだらない，おしつけがましい，演出がよい，騒々しい（逆転項目），差別的表現がある（逆転項目），過剰な性表現がある（逆転項目），繰り返し表現が多い（逆転項目）
〈視聴者反応：実用面〉役に立つ，教養が身につく，視野が広がる，人との話題になる，情報が早い，世の中がわかる，知りたい情報が得られる

付録3　22項目尺度の質問項目
〈慰安評価〉楽しい，リラックスする，感動する，出演者が好き，映像がきれい，音楽がよい
〈品質評価〉わかりやすい，公平だ，品がよい，内容が濃い，繰り返し表現が多い（逆転項目）
〈倫理評価〉暴力的表現がある，過剰な性表現がある，反社会的表現がある，差別的表現がある（すべて逆転項目）
〈実用評価〉社会性がある，独創性がある，話題性がある，生活の役に立つ，教養が身に付く，世の中がわかる，知りたい情報が得られる

第3章　市民参加へ道を拓く
―ネットリサーチシステムの開発

0　はじめに

　Quaeの番組調査は，2009年10月からネットリサーチを開始しました．本章では，Quaeのネットリサーチシステムがどのような仕組みで構築されたかを解説します．

1　サイト名及びドメイン名の決定

　Quaeネットリサーチシステムを開発するにあたり，まずドメイン名とサイト名を決めました．多くの人に参加してもらうためには，サイトをイメージしやすく，わかりやすいサイト名及びドメイン名にすることはインターネット調査をする上で重要です．

　ドメイン名が決まる前にサイトの名称が先に決まりました．サイト名は，本研究で開発した4軸評価のQuality（質的評価），Amusement（慰安評価），Usefulness（実用評価），Ethics（倫理評価）の頭文字を組み合わせて「Quae（クアエ）」としました．Quaeは「市民に評価を加えてもらう」という意味の語呂合わせにもなっています．本調査のサイト名としてはとても相応しい名前を付けることができました．さらにキャッチとなる言葉も足して「テレビ採点サイトQuae」としました．「調査」という言葉は硬いイメージがあるため，「採点」という親しみやすい言葉を使いました．

　ドメイン名はサイト名称をそのまま採用し，汎用JPドメインを取得して「quae.jp」に決定しました．

2 サイトのデザイン

サイトをデザインするにあたり，次の4点を考慮しました．
① 信頼性・慎重さ
② 操作性・スムーズさ
③ 好奇心・楽しさ・希望
④ 可読性（文字の読みやすさ）

この四つのポイントを考慮して，サイト設計を行いました．

(1) ページレイアウト

インデックスは上部のグローバルインデックスと右側のサイドインデックスを設けました．グローバルインデックスは6カテゴリーとし，「HOME｜研究概要｜研究活動｜MMS研究会｜武蔵大学総合研究所｜武蔵大学」のインデックスを設けました．

サイドインデックスは3カテゴリーとし，「あなたの採点はこちら｜TV番

図表3-1 Quaeサイトのトップページ

組に関するご意見はこちら｜集計結果はこちら」としました．サイドインデックスは，採点の入口となる重要なボタンがあるので，分かりやすく大きなデザインにしました．

(2) カラーデザイン

武蔵大学のロゴで使用している「緑」と「橙」を基本カラーとして配色を行いました．具体的には，次の通りです．

① ベースカラー：橙色（クアエのロゴ）

武蔵大学のロゴマークに使われている色でもあり，橙色は暖色系の中でも楽しそうで，好奇心をかきたてる活動的な色です．

② サブカラー：黄色（ヘッダー・フッター）

橙色と同一色相であり，サイト全体にまとまりをもたせる色です．橙と同じく，好奇心や希望といったイメージを抱かせる色です．

③ アクセントカラー：緑（青みの緑）

落ち着いた穏やかなイメージの色であり，全体を引き締めるアクセントカラーでもあります．橙色に対して補色，黄色に対して対照色相でもあり，サイト全体のメリハリをつける役目でもあります．また，武蔵大学のロゴマークにも使われており，イメージカラーにもなっています．

④ 3つの右インデックス：橙，黄，緑

このサイトのベースに使用している3色を使って，ナビゲーションの目的別に配色しました．最も見てもらいたい「あなたの採点はこちら」のボタンを一番上に配置し，クリックを誘導するのにスムーズな場所に置きました．ボタンの背景色と文字色の明度差を保ち，読みやすい配色を考慮しています．3色を使用することにより，インデックスとしてはサイト全体の中でもビジュアル的

に目立つものとなっています．

3　Quae ネットリサーチシステムについて

　インターネットを利用したリサーチシステムを構築するには，独自にシステムを開発する方法や有料の調査システムを利用する方法などがあります．システムを独自開発した場合は，数百万円の費用が掛かります．また，クラウド方式によるネット調査サービスを利用した場合も 1 回の調査で数万円から数十万円の費用が掛かってしまいます．どちらも高額の費用となるため，Quae では採用することはできませんでした．

　そこで，Quae ネットリサーチシステムでは専門知識がなくてもシステムを構築できる手法を採り，構築作業を内製化しました．IT スキルが少しあればネットリサーチシステムが構築できるようにしました．

　低予算で専門知識を必要とせず，しかも安定した堅牢なシステムをどのように構築したかを説明していきます．本章が，ネットを使った調査システムを手軽に構築したい方の参考になれば幸いです．

(1) 採点フォームの構成

　Quae ネットリサーチシステムの採点フォームは，29 の調査項目から構成されています．具体的には，次の通りです．
① 調査対象の番組名（1 項目）
② 基礎データ（3 項目：性別／年齢／職業）
③ Quae の採点項目（20 項目）
④ 対象番組の視聴頻度（1 項目）
⑤ テレビの視聴頻度（3 項目）
⑥ 自由記述欄（1 項目）
　※各回の調査内容によっては，自由記述欄を複数設ける場合もあります．
この 29 項目を調査するために開発したフォームは，次の通りです（図表 3-2, 3-3）．

図表 3-2 採点フォーム（番組選択）

◆2012年12月31日（月） 番組採点画面◆

採点する番組を選択し、［採点画面へ］をクリックしてください。

[リセット] [採点画面へ]

時刻	NHK総合	NHK教育	日本テレビ系列	TBSテレビ系列	フジテレビ系列	テレビ朝日系列	テレビ東京系列	その他
17:00	しあわせニュース2012	Rの法則「2012ホントに高校生に聴いた歌」	しゃべくり007 大晦日傑作選SP	大晦日スポーツ祭り！KYOKUGEN2012 開幕直前スペシャル！	めちゃ2イケてるッ！中居ナイナイ日本一周すべてみせますSP！	全国おもしろニュースグランプリ2012	第45回 年忘れにっぽんの歌	
17:30				Nスタ				
18:00					FNNニュース	ANNスーパーJチャンネル		
18:30				大晦日スポーツ祭り！KYOKUGEN2012 史上最大の限界バトル		みそかだよドラえもん、3時間スペシャル		
	首都圏ニュース		ダウンタウンのガキの使いやあらへんで！！絶対に笑ってはいけない熱血教師24時！！					
	気象情報							
19:00	NHKニュース7	いつだって地球はドラマチック						
19:30	第63回紅白歌合戦「歌で会いたい。」							
		NHK手話ニュース						
20:00								
20:30		N響"第9"演奏会						BS/CS/UHF/地方局などの番組はこちら
21:00								
21:30		ららら♪クラシックスペシャル～クラシック・ハイライト2012～			お願い！ランキング2012年テレビ朝日系列瞬間最高視聴率BEST100 大発表SP			
22:00							ボクシング 究極の3大世界戦！！	
22:30								
23:00								
23:30				明日は史上空前！笑いの祭典ザ・ドリームマッチ2013			東急ジルベスターコンサート2012-2013	
	ゆく年くる年	0655・2355 年越しをご一緒こスペシャル		ODTVスペシャル！年越しプレミアライブ2012→2013	平成25!!!15年目だ！見なきゃゾン/SONG ジャニーズ年越し生放送			

番組名の選択

[リセット] [採点画面へ] 　送信／リセットボタン

図表 3-3　採点フォーム

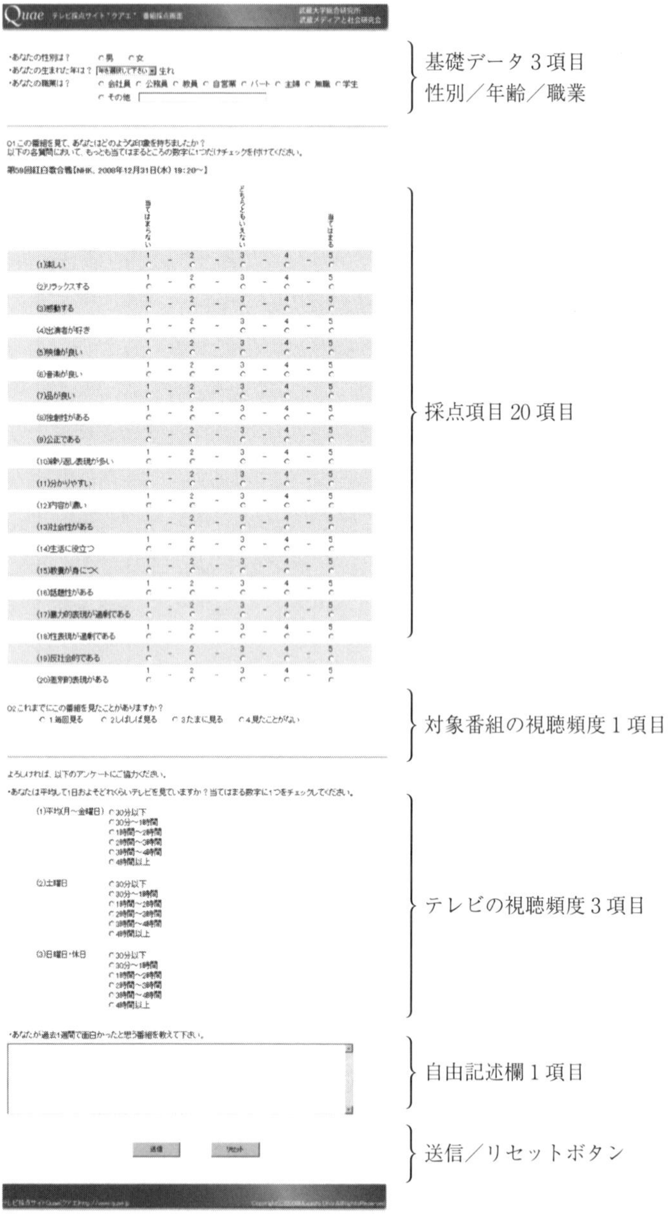
Quae テレビ採点サイト"クアエ" 番組採点画面
武蔵大学総合研究所
武蔵メディアと社会研究会
・あなたの性別は？　男　女
・あなたの生まれた年は？　年を選択して下さい　生まれ
・あなたの職業は？　会社員　公務員　教員　自営業　パート　主婦　無職　学生　その他
基礎データ 3 項目
性別／年齢／職業
Q1 この番組を見て、あなたはどのような印象を持ちましたか？
以下の各質問において、もっとも当てはまるところの数字に1つだけチェックを付けてください。
第59回紅白歌合戦【NHK、2008年12月31日(水) 19:20～】
当てはまらない
どちらともいえない
当てはまる
1 - 2 - 3 - 4 - 5
(1)楽しい
(2)リラックスする
(3)感動する
(4)出演者が好き
(5)映像が良い
(6)音楽が良い
(7)品が良い
(8)独創性がある
(9)公正である
(10)繰り返し表現が多い
(11)分かりやすい
(12)内容が濃い
(13)社会性がある
(14)生活に役立つ
(15)教養が身につく
(16)話題性がある
(17)暴力的表現が過剰である
(18)性表現が過剰である
(19)反社会的である
(20)差別的表現がある
採点項目 20 項目
Q2 これまでにこの番組を見たことがありますか？
1 毎回見る　2 しばしば見る　3 たまに見る　4 見たことがない
対象番組の視聴頻度 1 項目
よろしければ、以下のアンケートにご協力ください。
・あなたは平均して1日およそどれくらいテレビを見ていますか？当てはまる数字に1つをチェックしてください。
(1)平均(月～金曜日)　30分以下　30分～1時間　1時間～2時間　2時間～3時間　3時間～4時間　4時間以上
(2)土曜日　30分以下　30分～1時間　1時間～2時間　2時間～3時間　3時間～4時間　4時間以上
(3)日曜日・休日　30分以下　30分～1時間　1時間～2時間　2時間～3時間　3時間～4時間　4時間以上
テレビの視聴頻度 3 項目
・あなたが過去1週間で面白かったと思う番組を教えて下さい。
自由記述欄 1 項目
送信　リセット
送信／リセットボタン

(2) Quae ネットリサーチシステムの設計思想

Quae ネットリサーチステムを構築するにあたり，次の三つの項目をシステム開発の重要な要件としました．

安価な費用で構築する

Quae の研究会は，大学からの限られた予算で研究活動を行っているため，システム開発を外部に発注するような費用の掛かる方法は採れません．また，高額な調査サービスを利用することもできません．そのため，できる限り安価な費用でシステムを構築することを目指しました．ちなみに本システムに掛かる費用で外部に支払う金額は，サーバー運用費の年間4万2,420円だけです（2013年4月現在）．

ノンプログラミングで構築する

プログラム開発をせずに，システム構築することを目指しました．武蔵大学は文科系の大学ですので，プログラムができる学生もなかなか見つけられません．システム開発に関する専門知識がなくても調査システムを構築する仕組みは必須でした．また，Quae の調査は2ヵ月に1回行いますので，調査ごとに変わる番組表の入替えなどの導入後のメンテナンスもノンプログラミングで行うことを目指しました．

安定かつ堅牢なシステムを構築する

番組調査をシステムで行いますので，安定的に稼働させる必要があります．調査当日にサーバーダウンやバグによるシステム障害などが起きることがないように，安定かつ堅牢なシステムで正確なデータ収集が行えるようなシステムの構築を目指しました．

(3) レンタルサーバーを活用したシステム構築

前述した三つの要件を満たすために，レンタルサーバーの機能を活用してシステムを構築することにしました．レンタルサーバーは，月額数千円で利用できるサービスがたくさんあります．また，標準で備わっている便利な機能も多くあります．さらに，24時間365日安定稼働ができるように通信回線・電源

供給・運用体制もしっかりしています．

なお，Quaeネットリサーチシステムでは，ファーストサーバー社のレンタルサーバーを利用しました．

レンタルサーバーとは

　Quaeリサーチシステム構築にあたり，quae.jpのドメインを取得しました．このドメインを運用するためにレンタルサーバーを利用しました．レンタルサーバーでは，一般的にはWebサーバー／メールサーバー／FTPサーバーの三つの機能を運用します．レンタルサーバーには，サーバーの使い勝手を良くするために標準CGIというプログラムが一般的には実装されています．その標準CGIのプログラムの一つにフォームCGIという機能があります．このフォームCGIを使って，Quaeネットリサーチシステムをノンプログラミングで構築することにしました．

　※標準CGIの機能は，レンタルサーバー会社により異なります．会社によっては，フォームCGIの機能を提供しない会社もあります．

フォームCGIとは

　フォームCGIとは，ホームページから入力されたデータをCSVファイルに蓄積したり，メール送信したりするプログラムです．企業などのホームページでは，問い合わせや資料請求を行うページなどでフォームCGIのプログラムが利用されています．

　たとえば，ホームページから問い合わせをする場合を例にとって解説します．問い合わせフォームから名前／性別／問い合わせ内容を入力して送信すると，送信したデータがファイルに蓄積されます．さらに，送信者には問い合わせに対する御礼メールを送信します．この場合の入力項目に対するフォームCGIの設定は，図表3-4のようになります．

図表 3-4　フォーム CGI の設定

入力項目	フォーム CGI の機能
名前の入力	1 行データの入力
性別選択	チェックボックスまたはラジオボタン
問い合わせ内容	複数行入力

入力値に対するフォーム CGI の処理の流れは，図表 3-5 の通りです．

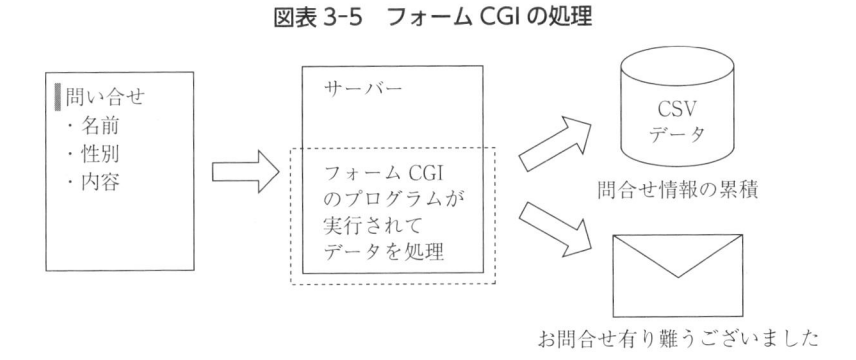

図表 3-5　フォーム CGI の処理

フォーム CGI は，このような処理を実行します．
　Quae ネットリサーチシステムでは，レンタルサーバーが標準で実装するフォーム CGI のプログラムをうまく活用してインターネットによる調査システムを構築しました．

(4) Quae ネットリサーチシステムでのフォーム CGI の利用

　それでは，Quae ネットリサーチシステムでのフォーム CGI の設定方法について具体的に説明します．

入力項目に対する設定

　Quae ネットリサーチシステムで使用している入力項目は前述した (1) の通

りです．この入力項目に対する設定値は，次の三つがあります．
① 入力形式：1行入力／複数行入力／ラジオボタンの三つの入力方法を指定
② 選択肢：ラジオボタンに対する選択肢を設定
③ 必須入力：必ず入力してもらう項目を指定

入力項目に対する設定値は図表3-6の通りです．

図表3-6　入力項目の設定値

項目名	入力形式	選択肢	必須入力
番組名	1行入力	調査日に合わせて番組名の一覧	○
性別	ラジオボタン	男／女	○
年齢	1行入力	半角入力の書式制限	○
職業	ラジオボタン	会社員／公務員／教員／自営業／パート／主婦／無職／学生	○
職業（その他）	1行入力		○
調査指標の20項目	ラジオボタン	・当てはまらない ・あまり当てはまらない ・どちらでもない ・やや当てはまる ・当てはまる	○
対象番組の視聴頻度	ラジオボタン	・毎回見る ・しばしば見る ・たまに見る ・見たことがない	○
テレビ視聴時間	ラジオボタン	・30分以下 ・30分〜1時間 ・1時間〜2時間 ・2時間〜3時間 ・3時間〜4時間 ・4時間以上	
意見／感想の自由記述	複数行入力		

第 3 章 市民参加へ道を拓く　55

　　フォーム CGI の設定画面は図表 3-7 及び 3-8 の通りです.

　　図表 3-7　番組選択／調査項目／アンケートの設定（設定画面を一部抜粋）

番号	名称	要素イメージ／チェック方式	変更	削除
1	番組名	○ニュース(17:00～) ○ゆうどきネットワーク ○ニュース(18:00～) ○首都圏ネットワーク ○気象情報(18:52～) ○NHKニュース7 ○クローズアップ現代「"分断"されたアメリカはどこへ」 ○気象情報(19:58～) ○ためしてガッテン「時短なのに冷めて美味」		

1	あなたの性別は？	○男 ○女 NULL	変更	削除
2	あなたの年齢は？	[　　　] NULL:LEN3:NUM	変更	削除
3	あなたの職業は？	○会社員 ○公務員 ○教員 ○自営業 ○パート ○主婦 ○無職 ○学生 ○その他 NULL	変更	削除
4	職業(その他)	[　　　] NULL	変更	削除
5	(1)楽しい	○1 ○2 ○3 ○4 ○5 NULL	変更	削除
6	(2)リラックスできる	○1 ○2 ○3 ○4 ○5 NULL	変更	削除
7	(3)感動できる	○1 ○2 ○3 ○4 ○5 NULL	変更	削除

25	これまでにこの番組を見たことがありますか？	○1 毎回見る ○2 しばしば見る ○3 たまに見る ○4 見たことがない NULL	変更	削除
26	(1)平日(月～金曜日)	○30分以下 ○30分～1時間 ○1時間～2時間 ○2時間～3時間 ○3時間～4時間 ○4時間以上	変更	削除
27	(2)土曜日	○30分以下 ○30分～1時間 ○1時間～2時間 ○2時間～3時間 ○3時間～4時間 ○4時間以上	変更	削除
28	(3)日曜日・休日	○30分以下 ○30分～1時間 ○1時間～2時間 ○2時間～3時間 ○3時間～4時間 ○4時間以上	変更	削除
29	採点した番組についての感想、ご意見	[　　　]	変更	削除
30	最近のテレビ番組についての感想、ご意見	[　　　]	変更	削除
31	SNSとテレビ番組に関して	[　　　]	変更	削除

図表 3-8 選択肢の設定（番組名の選択肢の設定例）

No	項目値	選択項目 初期値	削除	ソート
1	ニュース(17:00〜)	-	□	10
2	ゆうどきネットワーク	-	□	20
3	ニュース(18:00〜)	-	□	30
4	首都圏ネットワーク	-	□	40
5	気象情報(18:52〜)	-	□	50
6	NHKニュース7	-	□	60
7	クローズアップ現代	-	□	70
8	気象情報(19:58〜)	-	□	80
9	ためしてガッテン「時	-	□	90
10	もうすぐ9時プレマッ	-	□	100
11	首都圏ニュース845	-	□	110
12	ニュースウォッチ9	-	□	120

画面遷移とデータ処理

　Quaeネットリサーチシステムの画面構成は，3画面のシンプルな構成にしました．通常，フォーム入力では入力後に入力確認画面を表示させますが，ユーザーの入力作業が煩わしくなるため，入力確認画面は省きました．

　調査項目入力後，送信ボタンを押下することでフォームCGIのプログラムが起動されて，調査結果をCSVファイルに出力します．同時に，その内容をメールでも送信する処理としました．このメール送信は，CSVファイルのバックアップとして活用します．万一，CSVファイルへの書込み不良，ヒューマンエラーによるCSVファイルの喪失などのリスクヘッジとして，メールで調査結果をバックアップすることにしました．

第 3 章　市民参加へ道を拓く　57

図表 3-9　Quae ネットリサーチシステムの流れ

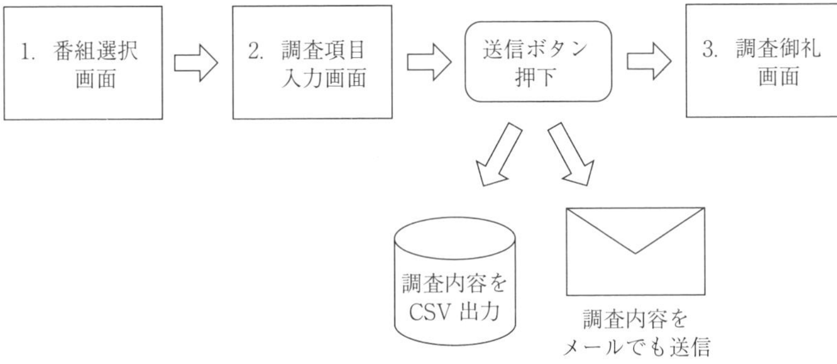

1. 番組選択画面 → 2. 調査項目入力画面 → 送信ボタン押下 → 3. 調査御礼画面

送信ボタン押下 ↓
- 調査内容を CSV 出力
- 調査内容をメールでも送信

(5) 今後の課題

　低価格，ノンプログラミングの開発方針で，Quae ネットリサーチシステムを構築しましたが，Quae の今後の展開を踏まえると，次の課題が挙げられます．

作業の自動化

　現状のシステムは，調査フォームを作る作業の自動化まで考慮していないため，手間の掛かる作業が多くあります．特に，番組表の作成は，調査ごとに行う必要があるため，設定に時間が掛かります．現在の調査頻度は 2 ヵ月に 1 度ですが，毎月／毎週／毎日そしてすべての番組調査をすることになれば，番組表を自動取得して調査フォームも自動作成する機能を実装する必要があります．

調査結果のリアルタイム表示

　調査結果の解析方法は，CSV ファイルを EXCEL で集計／分析／表やグラフ作成をしています．この方法も手作業となっているので手間が掛かるため，自動化が必要です．調査開始と同時に，リアルタイムに調査結果が表示するようなシステムにすれば，ユーザーの参加意欲も高まると思います．

スマートフォン対策

 Quae ネットリサーチシステムは，パソコン及び携帯電話には対応しましたが，スマートフォン専用のインターフェースには対応していません．モバイル環境では，今後ますますスマートフォンの利用が見込まれるので，スマートフォンに対応したインターフェースは，今後必須になります．

システム及びデータの保全

 奇しくも，Quae ネットリサーチシステムが利用したファーストサーバーは 2012 年 6 月に約 5,600 社のデータをサーバーから全削除するという大事故を起こしました．バックアップも含めてすべて消去されたため，IT 業界では大きな話題となりました．この事故はヒューマンエラーに起因した事故でしたが，クラウド化に潜む危険性を改めて認識することになりました．Quae ネットリサーチシステムでも，万一に備えてデータを含めたシステムの保全について，充分な対策を取る必要性を感じています．

（中條 浩）

＊本サイトの構築は，小田浩美（株式会社ラビネット）が担当しました．

引用・参考文献
図表 3-7 及び 3-8 は，ファーストサーバーの設定画面を引用，http://www.fsv.jp

第4章 文化振興としてのメディア・リテラシーとテレビ番組評価

0 はじめに

　メディア・リテラシーという能力の重要性は，これまでさまざまな理由のもとで語られてきました．その一つには，「自国の文化を発展させるために重要である」という理由があります．市民が作品を見る目や作品を制作する能力に磨きをかけることによって，文化的価値のある良質な作品が多く生み出されることを期待する考え方です．

　メディア・リテラシーを育むための営みのことを「メディア教育」といいます．「メディア教育」は，学校教育や社会教育などの「場」においてさまざまな実践がなされています．たとえば，授業を通じて学んだことを新聞，パンフレット，映像作品などにまとめる学校教育の実践があります．また，テレビ局が提供する出前授業を通じて番組作りを体験する社会教育の実践など，メディアについて学ぶための教育的プログラムがあります．

　しかし，メディア・リテラシーに磨きをかける「場」は，それだけにとどまりません．実際には，そのような「場」はさまざまな社会的実践の中に埋め込まれているのです．たとえば，テレビを鑑賞する行為，その内容について家族と語らうこともメディアのあり方を考え，行動していくための素地を作り出していると言えるでしょう．もちろん学校で学ぶことの意義は相応にあるのですが，そこで学んだことも活かしつつ社会的な実践の中から学ぶことにも，また別の価値があります．

　本章では，市民がメディア・リテラシーに磨きをかけ，テレビ番組のあり方について語り合うという社会的な実践の「場」として，Quae が果たしている

役割と可能性を探りたいと思います．

1　メディア・リテラシー研究の広がり

　もし，「メディア・リテラシーとは，どんな能力だと思いますか？」と問われたとしたら，あなたならどのように答えますか？　このように問いかけると，実に多様な答えが返ってきます．必ずしも誰かが正解で他の人は不正解ということではありません．メディア・リテラシーという能力に含まれる構成要素は多様であり，メディア・リテラシーはそれらが複合的に作用して発揮される能力なのです．ですから，時代や地域，その言葉を語る人の立場など，状況や文脈によって，その構成要素のうち強調されて語られる側面が変わってくるのです．そのため，人それぞれ異なる表現でメディア・リテラシーの「ある限定された側面」について語るということはありえることだと思います．

　たとえば，メディア・リテラシーに関する研究には，メディアの社会的な影響力を問題意識としたものがあります．メディアの影響力によって社会的な不平等が生じるとするなら，メディア・リテラシーはそれを回避するために必要な能力と考えられてきたわけです．政治について伝え，世論の形成に影響を与え，権力の暴走を監視するメディアの役割を知っていれば，表現の自由を規制するような権限を一部の権力者にもたせることは危険なことだと分かります．この場合のメディア・リテラシーは，民主主義社会を成立させるために不可欠な能力とも言えるでしょう．

　また，別の観点で進められている研究もあります．たとえば，近年では，市民もメディア制作をするための機材を入手しやすくなり，インターネットを通じて情報を配信するという情報の流通経路をえました．こうした状況下における，メディア・リテラシーの研究も進められています．たとえば，市民メディアの登場，信憑性を判断する必要性，良質な作品を流通させる方法，ソーシャルメディアのあり方など，研究の対象を広げつつあります．

　さらに，そうした研究と同時に，メディア・リテラシーを「属する社会の発

展のために文化的な価値を創出できる能力」であるとする立場の研究も進められてきました．たとえば，映画や文学作品，大衆文化にいたるまで，その良さを認め，研究しようとする動きなどです．社会に良質な作品が生み出されるために，市民は作品を見る目を磨く必要があります．また，市民が有益な作品を生み出す機会を整えていくことも重要です．こうしたことを実現するために，社会全体でメディアのあり方について対話することで，文化を振興するための「場」を生みだしていく必要があるのです．

　ここでは，いくつか代表的な例を紹介しましたが，これがすべてというわけではありません．ただ，これらの例だけでもメディア・リテラシーに関する研究領域が，多様な広がりを持ったものであるということが分かります．

2　誤解されたメディア・リテラシー

　ここで考えなければならないのは，メディア・リテラシーの構成要素のうち，ある偏った考え方が広く喧伝されると，争いが生じ社会が混乱する可能性があるということです．たとえば，メディア・リテラシーは「マスメディアの『やらせ』を見抜く力」や「マスメディアを批判・バッシングする力」だと認識されている場合があります．これが行き過ぎると「メディアに騙されるな」と声を荒げ，メディアに携わるすべての人が「人を騙す悪人」であるかのような言い方をする人も出てきてしまいます．

　マスメディアの担い手の中に「人を騙す悪人」がいないとは言い切れませんが，実際にはそうではない場合の方が多いのではないでしょうか．むしろ，自分を犠牲にしてでも人の役に立ちたいという使命感をもった人もいるでしょう．そのような使命感が強い人ならば，頭ごなしに批判されたら反感を覚えるに違いありません．最悪の場合，「メディア・リテラシーの重要性を説く人は攻撃的で我々の敵である」と対立を深めることもあるでしょう．こうした対立は，結果として対話の場を奪い，両者がメディア社会のあり方を共に考えていくことは困難になります．これは，とても残念なことです．

実は，このような偏った捉え方は，1990年代にテレビ番組での過剰な演出や捏造，誤報などが問題視されたことをきっかけに，いくらか広まってしまいました．マスメディア自身もそうした不祥事を取り上げ，その文脈で「メディア・リテラシーとは，受け手が正しい情報を得るためにメディアの情報を批判的に読み解く力である」と紹介してしまったのです．そうした一面がセンセーショナルに伝えられたことによって，偏ったとらえ方が広まってしまいました．

　ここで，少しだけメディア・リテラシーが学術的にどうとらえられてきたかに触れておきます．これまでさまざまな研究者がメディア・リテラシーということばを定義してきました．たとえば，鈴木 (1997) は，「メディア・リテラシーとは，市民がメディアを社会的文脈でクリティカルに分析し，評価し，メディアにアクセスし，多様な形態でコミュニケーションを創り出す力を指す．また，そのような力の獲得を目指す取組もメディア・リテラシーという．」と定義しています．これは，マスメディアと市民の関係性に比重をおきつつ，「コミュニケーションを創り出す力」ということばに，建設的な意味を読み取ることができる定義と言えます．

　水越 (1999) は，「メディア・リテラシーとは，人間がメディアに媒介された情報を構成されたものとして批判的に受容し，解釈すると同時に，自らの思想や意見，感じていることなどをメディアによって構成的に表現し，コミュニケーションの回路を生み出していくという，複合的な能力である．」と定義しています．これは，マスメディアと市民といった関係にとどまらず，パーソナルメディアの存在や情報通信の進展も意識した定義と言えます．これも，「コミュニケーションの回路を生みだしていく」という前向きな表現が用いられています．

　また，中橋 (2013) は，こうした定義を踏まえ，「メディア・リテラシーとは，(1) メディアの意味と特性を理解した上で，(2) 受け手として情報を読み解き，(3) 送り手として情報を表現・発信するとともに，(4) メディアのあり方を考え，行動していくことができる社会的なコミュニケーション能力のことである」と定義しています．この定義でも，建設的にメディアのあり方を考え，実現して

いくための能力であることが強調されています．

このように，メディア・リテラシーの必要性が問われる状況を学術的に振り返って考えてみれば，メディア・リテラシーはマスコミに携わる人々にも必要な能力ですし，いたずらに対立を生みだすためのものではなく，メディア社会を発展させていくための議論をする上で欠かすことのできない「建設的に発揮されるべき能力」であることが分かってきます．それにもかかわらず対立を生みだすような状況に陥るならば，その力が有効に機能しているとは言えないでしょう．

送り手に人を騙すような悪意がなくても，もっと言えば受け手のために貢献しようと熱意をもっていても，ある方針に基づいて取捨選択して編集をする必要があるため，メディアは物事の一面を伝えることしかできません．また，受け手は，受け手で自分の認識の枠組みで内容を解釈するため，誤解や思い込みが生じる可能性をなくすことはできないのです．メディアの特性として「メディアによるコミュニケーションには，そうした限界がある」と認識しておくことが重要です．

3　テレビ番組の質を高めるために

では，このようなメディアの特性を踏まえた上で，「テレビ番組の質的な向上」ということについて考えてみるとどうでしょうか？

番組の悪いところにケチをつければ，放送文化の質的な向上につながるでしょうか？　テレビ番組の制作者を力づけ，おもしろい番組を生みだすことにつながるでしょうか？　もしそれが，受け手のために努力している送り手の意欲を削ぐような行為になっているとするなら，テレビ番組の質的向上どころか，質を低下させる要因にさえなるのではないでしょうか．

いたずらに視聴者と制作者の対立を生みだしてもよいことはありません．テレビ番組の質的な向上を考えるならば，建設的な対話の場を生みだすことが重要だと言えるでしょう．そして，放送のもつ特性についてよく知るとともに，

メディアが抱えている構造上の課題などについて理解することも重要です．

　昔に比べるとテレビが面白くないとか，質が低下しているなどと言われていますが，問題はどこにあるのか考えてみてください．それは，制作者の怠慢なのでしょうか？　他にメディアを取り巻く構造上の問題点はないでしょうか？　番組制作の予算が少ないことが質を低下させているということはないでしょうか？　多チャンネル化によって，相対的に質の低い番組が増えたように見えているだけではないでしょうか？　自分が面白くないと感じるだけで，他の人はそのような番組を求めているということはないでしょうか？　他にもあるかもしれませんが，さまざまな要因を考えることができるはずです．

　そうした可能性を前提として，私たちができることについて考えていくことが重要です．たとえば，同じテレビ番組を視聴しても，ある人は面白いと感じ，別の人は面白くないと感じる場合があります．一つの番組で，多様な価値観をもった人々をあまねく満足させるということはできないのです．そのことが分かっていれば，マイノリティの価値観を尊重する態度も芽生えるのではないでしょうか．また，他者の価値観を理解することは，多くの人がよさを共感できるような作品を生みだすためにも必要なことではないでしょうか．

　視聴者と番組制作者をつなぎ，あるいは，視聴者同士をつなぎ，放送文化の質的な向上のために建設的な対話を生みだす場が必要です．言いかえるならば，メディア・リテラシーが発揮されると同時に磨かれるような社会的実践の「場」を生成していくことが重要です．実は，Quae には，そのような「場」を生みだす可能性が秘められています．

4　既存の取り組みと Quae の違い

　Quae 調査の目的には，「市民が番組を評価することによって，テレビ番組・放送文化の質的な向上を促すこと」が掲げられています．そのようなテレビ番組・放送文化の質を高めようとする取り組みは，これまでもさまざまな立場のもとで，さまざまな指標を用いて取り組まれてきました．

まず，テレビ番組の良し悪しを判断する指標として視聴率の意義を主張する立場があります．もちろん，視聴率が高まれば広告収入を獲得しやすくなり，番組にお金をかけることができます．その結果として，視聴率は番組の質を高めることに寄与するという見方もできるでしょう．しかし，実際には視聴率が低くても質の高い番組は存在しますし，視聴率が高くても優れた番組だと評価されない番組もあります．視聴率は，必ずしも放送文化の質的な向上に役立つような機能をもつとは言えないのです．

　それにもかかわらず，テレビ番組を評価する基準が「視聴率」のみに偏り，高い視聴率を獲得すること自体が番組制作の目的となっているような放送界の現状があるとするならば，それは問題であると言わざるをえません．文化的な価値をもち，質が高い番組でも，視聴率がとれなければ打ち切りになってしまうという現状について考え直す必要があるでしょう．

　一方，視聴率によらないテレビ番組の評価を行う取り組みもあります．たとえば，各テレビ局内あるいは第3者機関が実施している番組表彰制度があります．これは，受賞をめざす制作者の意欲を高め，放送文化の質的向上に寄与すると考えられます．しかし，「専門家」という肩書きをもった一部の人たちによる評価・表彰は，市民の考えを代表するとは限りません．市民が日常的な視点でテレビ番組について感じたことを制作者と交流する機会にはなりにくいと考えられます．

　では，視聴率ではなく放送局自身が番組の評価を求める調査は，放送番組の質的向上につながるでしょうか．たとえば，テレビ朝日の「リサーチQ」による番組評価は，番組制作や編成に活かす材料になると考えられます．しかし，自由記述を除くと「期待度」「満足度」「集中度」「オススメ度」といった指標による回答を得点化してランキングを示す結果報告に重きが置かれており，番組内容の質について踏み込んだ議論ができるとは言い難いところがあります．

　また，「優良な番組を推挙することが放送番組の質を向上させる一つの方法」という考えのもとで組織された優良放送番組推進会議は，アンケート調査に基づく番組の順位づけを行っています．(http://good-program.jp/research.html).

用紙に列挙された番組を適宜選んで，興味・推薦度の高い順に5段階（3／2／1／0／マイナス）で評価する調査方法です．しかし，これは単一指標による調査で，やはり結果をランキングで示すことに重きが置かれています．番組内容の質について踏み込んで対話する材料としては使いにくいと言えるでしょう．

　これらのテレビ番組評価の取り組みとQuaeの取り組みの間には，いくつかの異なる点があります．それは，市民が日常的な感覚で評価すること，可能な範囲で複数の放送局の番組を横断的に比較できるようにすること，単一の指標ではなく，できるだけ多くの指標を用いて採点することなどを重視していることです．さらに言えば，番組を値踏みするためにランクづけをするような評価方法ではなく，多様な価値観を認めつつ，テレビ番組の良さや課題を見出す議論を可能にさせる評価方法を追究しています．こうした既存の調査とは異なる要件を重視している点が，Quaeのオリジナリティであり，文化振興に資するメディア・リテラシーを育む可能性を示しています．

5　Quaeが生成する対話の場

　市民が番組を質的に評価し，交流し，放送文化のあり方について考える場として，Quaeはさまざまな対話の「場」を生みだしてきました．ここでは，Quaeによって生みだされた「(1) 番組評価」「(2) 結果レポート」「(3) 雑誌連載」「(4) Twitter」「(5) シンポジウム」といった対話の「場」が，どのように文化振興を重視したメディア・リテラシーの育成と関わりをもつのか考察します．

(1) 番組評価という対話の場

　Quaeの取り組みの中でも中核となっている「場」は，「視聴者によるテレビ番組評価」そのものです．番組評価は，Webサイト（http://quae.jp）を通じて誰でも参加することができます．また，多くの人が回答しやすい環境を整えるために，ケータイサイトも開設されています．調査の際には，PC，ケータイそれぞれから得られたデータを合わせて分析しています．

第 4 章　文化振興としてのメディア・リテラシーとテレビ番組評価　67

　Quae は，偶数月最終日の 17 ～ 24 時に放送された地上波の番組を対象に調査を行っています（2012 年 10 月現在）．そうすることで，さまざまな時期・曜日の調査結果が蓄積されていきます．また，「東日本大震災報道に対する意見募集の調査」「2012 年ロンドンオリンピック中継のテレビ番組採点調査」などのように，特定の時期・テーマによる調査も行ってきました．
　この調査に参加することは，視聴者としての市民が，番組および番組制作者と向き合う機会となります．漫然と視聴するだけではなく，観点をもってその番組を振り返ることによって，番組の内容や表現を吟味する目が養われます．直接的に人と対話するのではなく，作品と対話する「場」となるのです．このちょっとした意識改革が，今後のテレビ番組のあり方を考えるための材料となるでしょう．

(2) 結果レポートという対話の場
　番組評価を集計・分析した結果レポートは，Web サイトに公開されます．その結果を，番組制作者が見て今後の番組制作に活かす材料にしてもらうことは，Quae の目的の一つです．その他にも，評価への参加・不参加を問わず多くの市民が，その結果レポートを参照することによって，自分のものの見方・考え方を見直す機会になることを期待しています．
　結果レポートは，番組評価サイトで収集された「質問 20 項目の回答に基づくレーダーチャート」「自由記述」「回答者の属性」などをもとに考察しています．特に Quality（品質），Usefulness（実用），Amusement（娯楽），Ethics（倫理）の 4 軸レーダーチャートは，番組ごとの比較を視覚的に行うために活用されますが，一概に点数が高ければ良い番組であるということではありません．
　自分が高く評価した番組の平均点が低くなっている場合，またその逆の場合に，「なぜ，この番組はこのように評価されたのだろうか」ということについて思いを巡らすことで，考え方の多様性を認める目も養われるわけです．このようにデータと対話すること，また，そのことについて他者と対話することにこそ大きな価値があります．

結果のレポートは，まず，「今回の面白ポイント」という見出しで，結果の主な特徴が3点ほど提示されています．このポイントを見るだけでも，その回の調査の大きな傾向をとらえることができます．

　次に，回答者の年代や職業などの属性を示しています．毎回，評価者が異なるため，属性のもつ趣向との関係も踏まえた上で分析することが重要です．そのあと，ジャンル（報道，バラエティなど）ごとの評価をレーダーチャートで比較分析しています．その他にも，その時々に応じて，チャンネルごとの主要番組の比較や「年越しカウントダウン時の番組」といったように比較の観点を設定してレーダーチャートによる分析結果を提示しています．「どちらのランクが高いか」ということではなく，それぞれどういった個性をもっているかを可視化しています．こうした材料が対話の材料となり，文化振興としてのメディア・リテラシーを育むことに役立つと考えられます．

(3) 雑誌連載という対話の場

　Quae 調査の結果は，雑誌「放送レポート（編集：メディア総合研究所）」に連載されてきました（226号（2010年9月）～）．「放送レポート」は，放送メディアに関心をもつ人々をターゲットとして2ヵ月に1度4,000部発行（2012年10月現在）されています．この「テレビ見てクリック！～番組評価サイト『QUAE』調査から～」というタイトルの連載は，多くの読者が Quae 調査とその結果を知る機会を作りました．

　この連載は，Web サイトで公開される結果レポートよりも観点が絞り込まれている点に特徴があります．たとえば，バラエティ番組のあり方を観点として各番組の個性を浮き彫りにしたものや，若者たちのテレビ評価傾向を観点として世代ごとの違いを考察したものがありました．また，大晦日，オリンピック，震災といった出来事に対する特別番組のあり方を観点としたものもありました．

　この連載を読めば，テレビ番組のあり方について対話するための多様な観点をもてるようになるでしょう．観点が絞り込まれているからこそ，テレビ番組

第4章 文化振興としてのメディア・リテラシーとテレビ番組評価　69

のあり方について深く考えることできます．観点を絞り込んで対話することで，メディアのあり方について考え，行動していくためのメディア・リテラシーが養われます．

このように，雑誌の連載による情報発信は，メディア・リテラシーを高めるための「場」を生成することにつながっています．

(4) Twitter という対話の場

Quae 研究会は，公式の Twitter アカウントをもち，たとえば，「調査日のお知らせ」「レポート公開のお知らせ」「特別なテーマのお知らせ」など，タイムリーな情報を発信しています（図表4-1）．

こうした情報発信は，「調査に参加しようと思っていたけれど採点の登録をし忘れていた人」へのリマインダーとしても機能しますが，さらに重要な意味があると考えています．それは，Quae の公式アカウントをフォローしている人が，自分のフォロアーに Quae のツイートをリツイートするという現象が生じることです．リツイートによって個人が情報伝達者となり他者に伝わっていきます．

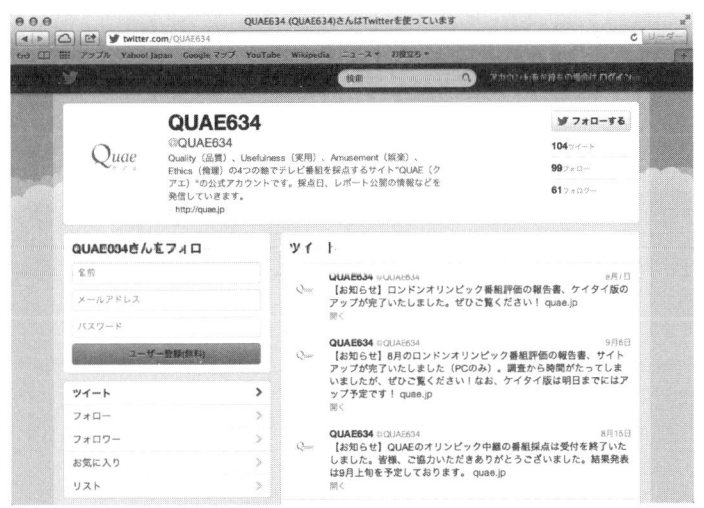

図表4-1　Quae の Twitter 公式アカウント

これは，人々の間で Quae のことが話題となり，テレビ番組のあり方について対話が生じることにつながります．こうした対話の積み重ねが，市民のメディア・リテラシーを高めます．そして，テレビ番組の質的向上につながっていくのです．Quae による Twitter の活用は，テレビ番組について語り合うきっかけとしての「場」を生成していると言えるでしょう．

(5) シンポジウムという対話の場

　Quae 研究会は，定期的にシンポジウムを開催してきました．Quae の調査を踏まえた上で，送り手と受け手が集い，テレビ番組のあり方について対面で意見交流をすることが目的です．たとえば，Quae 調査の成果報告に加え，「視聴者による番組評価は可能か」といったテーマや「子ども番組のいまと明日を考える」をテーマにしたパネルディスカッションが行われました．これは，送り手と受け手が直接的に交流するよい機会となります．たとえば，テレビ番組のディレクター（公共放送，民間放送），BPO「放送倫理検証委員会」委員経験者，調査会社のリサーチャー，Quae 調査に参加している人，研究者など，さまざまな立場の人々が意見を交流させました．もちろん，視聴者・市民として会場の参加者からも発言を受け，Quae の意義や課題についても議論しました．

　このように Quae は番組制作者，視聴者としての市民，研究者などさまざまな立場をつなぎ，意見交流をする「場」を生みだしました．登壇者とフロアの意見交流も活発に行われ，放送文化の質的向上につながるような建設的な対話が生まれました．それを通じて，文化振興としてのメディア・リテラシーは，送り手と受け手双方に育まれたと考えられます．このように，送り手と受け手の間をつなぎ，対話を生みだす「場」として Quae のシンポジウムは，一定の役割を果たしてきたと言えるでしょう．

6　メディア・リテラシーを育む Quae の意義

　Quae は，「テレビ番組の質評価」を一つの起点として多様な「場」を提供

しています.これは,文化振興の側面からメディアを見る目を養い,メディア・リテラシーを育み,またそれを発揮してメディアのあり方を考え,行動していくという営みととらえることができるでしょう.

　Quae が関わる社会的な実践の場において,視聴者がテレビ番組を評価するという行為の意義を,以下のように整理することができます.
・制作者は,市民の意見を番組制作の手がかりにすることができる
・隠れた名作の発掘・維持を助けることができる
・多様性を認め合う価値観を共有することができる
・目の肥えた視聴者としての市民を育てることができる
・目の肥えた市民によって質の高い作品が発信されるようになる

　メディア・リテラシーを育成する場は,社会的な実践の中に埋め込まれています.近年,放送の多チャンネル化・デジタル化,ワンセグによる視聴,放送と通信の連動・融合,インターネット上での動画公開サイトの登場,ソーシャルメディアとの関連,若年層のテレビ離れの問題など,テレビ放送始まって以来の大きな転換期を迎えています.

　このような状況下においてこそ,社会や文化の発展を目指してメディアのあり方について議論する能力と「場」が求められると言えるでしょう.メディアの意味と特性を理解した上で,受け手として情報を読み解き,送り手として情報を表現・発信するとともに,メディアのあり方を考え,行動していくことができる社会的なコミュニケーション能力としてメディア・リテラシーに磨きをかけ,その力を発揮していく必要があるのです.

　自分が属する社会において,放送文化を質的に向上させていくためには,送り手と受け手が建設的に対話できる「場」と送り手と受け手の双方にメディア・リテラシーが求められます.Quae の提供している対話の「場」は,まさに,このような実践的な「場」と言えるのではないでしょうか.

(中橋　雄)

引用・参考文献・Web サイト

鈴木みどり編（1997）『メディア・リテラシーを学ぶ人のために』世界思想社
中橋雄，2013，「メディアプロデュースのためのメディアリテラシー」 中橋雄・松本恭之編『メディアプロデュースの世界』北樹出版
水越伸，1999，『デジタルメディア社会』岩波書店
武蔵メディアと社会研究会，2005，『市民は放送を変えられるか～テレビ番組の評価方法～（MMS2004 年度活動報告書）』
武蔵メディアと社会研究会，2006，『テレビ番組評価・地域づくりと大学（MMS2005 年度活動報告書）』
武蔵メディアと社会研究会，2007，『視聴者によるテレビ番組評価調査～番組評価指標の開発研究～（MMS2006 年度活動報告書）』
武蔵メディアと社会研究会，2008，「視聴者によるテレビ番組評価」『市民とのつながり―住民と地域づくり―視聴者とテレビ（MMS2007 年度活動報告書）』
武蔵メディアと社会研究会，2009，『QUAE テレビ採点サイトによる 2008 年大晦日夜の番組評価 (視聴者によるテレビ番組評価方法の研究)（MMS2008 年度活動報告書）』
武蔵メディアと社会研究会 「テレビ採点サイト Quae（クアエ）」http://quae.jp （2012 年 12 月 29 日確認）
優良放送番組推進会議　http://good-program.jp（2012 年 12 月 29 日確認）
リサーチ Q　http://www.rq-tv.com（2012 年 12 月 29 日確認）

第Ⅱ部
ユーザーがつくるテレビ通信簿

第5章 「大晦日番組」の通信簿

0 はじめに

　一年を終える最後の夜．多忙さに追われる中，テレビから聞こえてくる一言で笑いがこぼれたり，流れる音楽に胸いっぱいになったりしませんか．皆さんはどのような大晦日を過ごしていますか．テレビはご覧になりますか．

　ここに，Quae の採点調査への回答者からの5年分の大晦日番組の採点結果があります．それは，2008年から2012年まで，夕方から24時までのテレビ番組を見て，Quae が提示するインターネットでのアンケートに答えていただいたものです．

　各局の大晦日番組は一時定着していましたが，最近は変化が見られます．NHKの『紅白歌合戦』は歴史も長く，その相対的優位性は変わりません．民放では格闘技番組，バラエティ，アニメが隆盛を極めていたかと思えば，最近はニュース情報の解説番組が人気を呼ぶなど，内容に変化が出てきています．それらを Quae の番組評価に基づいて分析し，経年比較を通じて日本の大晦日のテレビ文化に何が起きているかを見てみましょう．

1 大晦日のテレビ番組の評価

　大晦日のテレビ番組表を見ますと，長く続いている番組がいくつもあります．そのなかでも，『NHK 紅白歌合戦』は2012年に第63回を迎え，現在でもまだ他の番組を圧倒的に引き離している「国民的長寿番組」です．

　上滝徹也（『月刊民放』2008年11月号）は「長寿番組アンケート」（『民間放送

第5章 「大晦日番組」の通信簿

図表 5-1　大晦日のテレビ番組表（2008〜2012年、18：00から24：00時まで）

放送局	開始時刻	テレビ番組名(2008.12.31)	開始時刻	テレビ番組名(2009.12.31)	開始時刻	テレビ番組名(2010.12.31)	開始時刻	テレビ番組名(2011.12.31)	開始時刻	テレビ番組名(2012.12.31)
NHK総合	18:00 18:50 19:00 19:20 23:45	特集こどもニュース 首都圏ニュース NHKニュース7 第59回NHK紅白歌合戦 ゆく年くる年	18:00 18:05 18:50 19:00 19:30 23:45	ニュース 週刊こどもニュース 首都圏ニュース NHKニュース7 第60回NHK紅白歌合戦 ゆく年くる年	18:00 18:05 18:50 19:00 19:30 23:45	ニュース 耳をすませば2010 首都圏ニュース NHKニュース7 第61回NHK紅白歌合戦 ゆく年くる年	18:00 18:05 18:50 19:00 19:15 23:45	ニュース 世界的建築家伊東豊雄 首都圏ニュース NHKニュース7 第62回NHK紅白歌合戦 ゆく年くる年	18:00 18:50 19:00 19:15 23:45	ニュース 首都圏ニュース NHKニュース7 第63回NHK紅白歌合戦 ゆく年くる年
NHK教育	17:50 19:55 20:00 21:20	あの人からのメッセージ 手話ニュース 年越しクラシック クラシック・ハイライト！2008	16:00 18:20 18:55 19:55 20:00 21:25	ETV50ワイナーレ御礼！ リクエスト第一位新作登場！ 週末僕らの庭へ 手話ニュース 年越しクラシック クラシック・ハイライト！2009	18:00 19:35 19:55 20:00 21:55	アルフ・ファイナルスペシャル ラジオで花道！ 手話ニュース 年越しクラシック クラシック・ハイライト！2010	16:00 18:55 19:55 20:00 21:23	Rの法則 映画劇場版きかんしゃトーマス 手話ニュース 年越しクラシック クラシック・ハイライト！2011	17:00 19:00 19:55 20:00 21:15 23:55	Rの法則 YUI語る 地球はドラマチック 手話ニュース 年越しクラシック クラシック・ハイライト！2012 年越しを一緒に
日本テレビ系	16:15 18:30	ぐるナイ ダウンタウンのガキの使い	18:30	ダウンタウンのガキの使い	17:00 18:30	しゃべくり007 ダウンタウンのガキの使い	16:00 18:30	しゃべくり007 ダウンタウンのガキの使い	16:00 18:30	しゃべくり007 ダウンタウンのガキの使い
TBS系	18:00 23:24 23:30	Dynamite!! 風街みなと ニュース	18:00 23:39	Dynamite!! メチャカタ	17:30 21:00 23:39	TBS60周年前夜祭 Dynamite! 30Style	18:00 23:39	ビートたけしの勝手に国民栄誉SHOW2011 スポーツ大晦日祭り!! 明日はドリームマッチ	18:30 23:39	大晦日スポーツ祭り 明日はドリームマッチ
フジテレビ系	23:40 18:00 18:30 23:45	CDTVスペシャル FNNニュース FNS2008年クイズ！！ 年越しジャニーズ歌合戦!!	23:45 18:00 18:30 23:45	CDTVスペシャル FNNニュース アンビリーバボー大晦日 ジャニーズ大集合!!	23:45 18:00 18:30 23:45	CDTVスペシャル FNNニュース 奇跡体験アンビリバボー ジャニーズ大集合!!	23:45 18:00 18:30 23:45	CDTVスペシャル FNNニュース マルマルモリモリ!! ジャニーズ年越生放送	23:45 18:00 23:45	CDTVスペシャル 料理の鉄人スペシャル ジャニーズ年越生放送
テレビ朝日系	18:00 20:30 23:30	痛快！ビッグダディ大晦日 Qさま！！大晦日だよ！ 年越し雑学王！2008年	18:00 20:30 23:30	痛快！ビッグダディ大晦日 年越し雑学王！2010年 第42回年忘れにっぽんの歌	17:00 19:00	池上彰の学べるニュース 第43回年忘れにっぽんの歌	17:00 19:00	池上彰の学べるニュース 第44回年忘れにっぽんの歌	18:00 21:00 17:00	大みそかドラえもん お願い！ランキング！ 第45回年忘れにっぽんの歌
テレビ東京系	16:00 21:30 23:30	第41回年忘れにっぽんの歌 大みそかハッスル・マニア 生中継ジルベスター	17:00 21:30 23:30	第62回有馬記念 ルビコン大晦日版 生中継ジルベスター	17:00 21:30 23:30	カンブリア宮殿 大忘年会 プロポクシング 生中継ジルベスター	17:00 21:30 23:30	プロボクシング ボクシング史上最大！ 生中継ジルベスター	23:30	生中継ジルベスター

2008）の調査結果を分析して，長寿番組の根拠が，番組「内容に保証される日常性」と「ふれあい」にあると言っています．つまり，それは「日常生活に求められる環境認識と情緒解放にかなうもの」という保証と，「テレビという体温メディアに求められるぬくもり」による「ふれあい」です．そして，松本修（『月刊民放』2008年11月号）は，番組の長持ちの秘訣は「オリジナリティー」にあると指摘しています．つまり，それらの三つが長寿番組の共通点ではないかと思われます．

『NHK紅白歌合戦』という番組からは「日常性」「ふれあい」「オリジナリティー」という，三つの要素を読み取ることができます．2011年に放送された『NHK紅白歌合戦』は，司会は井上真央＆嵐で総勢55組が参加し"あしたを歌おう"をテーマに，「3.11東日本大震災」を念頭においてに作られています．東北の被災地へエールを送る内容で「東北応援企画生中継！」が盛り込まれていました．紅白を被災地で開いたり，その思いを込めた歌が歌われたり，その地のゆかりを持つ歌手が登場するなど絆を強調した演出がされています．日常を失った被災地の方々に，大晦日の習慣化されていた『NHK紅白歌合戦』視聴を通じて「マンネリの持つ安心感」（『朝日新聞』2011年12月31日）と心の絆を伝えようとするぬくもりが感じられる番組でした．

視聴者からのコメントの一部に，一年中の震災報道やそのようなメッセージに精神的緊張や疲れた様子も窺えましたが，「…出演者も目的を理解して歌っている方が多かったので楽しかったです…被災地にも届いたことと思います」（女　75歳），「…特に後半が復興に向けたメッセージが伝わってきて近来な

図表5-2　『NHK紅白歌合戦』の評価

年度	番組名	品質	実用	娯楽	倫理
2008	第59回NHK紅白歌合戦	3.4	3.0	3.4	4.4
2009	第60回NHK紅白歌合戦	3.3	2.9	3.5	4.7
2010	第61回NHK紅白歌合戦	3.5	3.0	3.4	4.3
2011	第62回NHK紅白歌合戦	3.7	3.2	3.7	4.4
2012	第63回NHK紅白歌合戦	3.7	3.6	3.2	4.3

い出来栄えだったと思います」(男　64歳)というようなコメントを頂きました.
　このような被災地との「ふれあい」が視聴者に届いたせいか，2009年の『紅白』でQuaeの5段階評価の最も低い評価を受けた［実用］項目(「(11)見ごたえがある」「(12)世の中のことがわかる」「(13)生活に役立つ」「(14)教養が身に付く」「(15)話題性がある」)の評価2.9が，2011年には3.2を獲得しています．そして，［品質］3.7,［娯楽］3.7の項目も今までより高く評価され，［倫理］4.4の評価とともに全項目にわたってバランスの取れたよい評価を生み出しました．2012年になると，［実用］はさらに高い評価を得ています．
　これは，番組と視聴者とのコミュニケーションがきちんと取れたよい事例だと思います．そして，何よりも，この番組のもつ「年中行事」的な意味合いが，今でも多くの視聴者を集める結果となり，また，それゆえにNHKが力を入れて制作する原因ともなっているのでしょう．
　NHK総合の『ゆく年くる年』番組は，深夜11時45分から0時15分までの30分ほどのものです．ここ5年間にわたって放送されたものは，「故郷に響く除夜の鐘．京都清水寺・成田山新勝寺・雪国鈴の神社・普通寺ほか」(2008),「故郷の祈り．希望託して．愛知・景気回復を願う新年．広島・鐘の音に込める平和」(2009),「絆を確かめて新たな年へ．故郷の祈りを中継．知恩寺・亀戸天神社・白兎神社」(2010),「世界遺産・中尊寺など12カ所の年越しを中継」(2011),「全国12カ所の年越しの祈り」(2012)というものです．
　この番組は，『NHK紅白歌合戦』後に引き続き視聴する方が多いようです．「大晦日の夜，となると，国民的番組に我が家のチャンネルは独占されます．即ち，紅白→ゆく年くる年→さだまさしで，…ゆく年くる年，心を新たにする

図表5-3　『ゆく年くる年』の評価

年度	番　組　名	品質	実用	娯楽	倫理
2008	ゆく年くる年	3.7	3.1	3.1	4.9
2009	ゆく年くる年	3.6	3.4	3.3	4.9
2010	ゆく年くる年	3.8	3.2	3.2	4.9
2011	ゆく年くる年	4.4	3.9	3.6	5.0

時間です．今年は，この時間，紛争は無かったのでしょうか．…，平和って何だろうと思いを寄せる瞬間を創って欲しかったと思います」（女　76歳），「大災害に見舞われた1年を振り返り，未来を志向する視点が意識されていたと思う．災害の年を強調するあまり，やや類型的な印象があるが」（男　71歳）と番組を見ながらもメディア・リテラシー視点からのコメントをしています．

　2011年，東日本大震災を始めとして，国内外で不幸な事件がありました．テレビの前ではありますが，新年を迎える多くの方々が平和や復興を祈りながら，除夜の鐘の音を聴いていたでしょう．

　この番組は，NHK総合の番組が高い評価を得る傾向にある［品質］と［倫理］を別にしても，［実用］［娯楽］の評価をとってみると，決して民放の娯楽番組に劣らないものがあります．

　大人気の『ダウンタウンのガキの使いやあらへんで！　SP！』（日本テレビ系）は，若年層から高年層まで幅広く見られています．テレビ番組欄の広告を見ると，大晦日の定着番組として登場した2006年から2012年まで『読売新聞』に番組予告を一度も欠かせず掲載しています．2008年は例外的に他放送局の番組広告を大きく掲載していますが，その時さえも別途にスペースを用意しています．毎年紙面の下端を大きく飾る予告から，同局の一押し番組であることが分かります．

　この番組の平均値を取ってみると，［品質］3.0，［実用］2.5，［娯楽］3.0，［倫理］2.9です．お笑い番組にもかかわらず，他の番組に比べて高得点の［娯楽］評価ではありません．2011年の『絶対に笑ってはいけない空港24時！恒例不

図表5-4　『ダウンタウンのガキの使いやあらへんで！』の評価

年度	番組名	品質	実用	娯楽	倫理
2008	ダウンタウンのガキの使いやあらへんで！	2.9	2.4	3.2	2.9
2009	ダウンタウンのガキの使いやあらへんで！	3.0	2.3	3.3	3.1
2010	ダウンタウンのガキの使いやあらへんで！	3.4	2.6	3.4	3.0
2011	ダウンタウンのガキの使いやあらへんで！	2.8	2.1	2.9	2.3
2012	ダウンタウンのガキの使いやあらへんで！	3.1	3.1	2.4	3.2

眠不休のお笑い地獄舞台は完全貸し切りのエアポート！最強の刺客が松本＆浜田を襲う』の評価は，［品質］2.8,［実用］2.1,［娯楽］2.9,［倫理］2.3 で，3.0 を超えた項目が一つもなく，その意味でこの年に回答を受けた番組の中で最低の評価でした．しかし，評価が低いのに，Quae の調査でこの番組に回答を寄せた方の数は多いのです．

「笑える．爆笑もする．だがやっぱり下品．汚い．食欲も失せたりするレベル」（女　19 歳），「番組の内容全てというわけではないが，…この種の内容には，相手を思いやる気持ちなどみじんもなく，そればかりか，人間の持つ人道的感覚を麻痺させ殺伐とした社会を形成させていく魔の力が強く働く．このような内容を"娯楽"とする番組制作者の神経が理解できない．彼らの自覚と責任を強く問いたい」（女　58 歳）というコメントから不快さが感じ取れます．

大型洗濯機の中で熱い麺類を食べさせられて洗濯機が回されるシーンや半裸状態で頭からロウを被るシーンなど，度を超えた設定に，子どものいる家庭では親の説明が必要な位です．この番組は「絶対笑っていけない！」というルールで，視聴者も出演者の馬鹿げた言動まで愉快に笑い飛ばし解放感を感じさせるはずだったのに．

視聴者から批判された上記のシーンは，より視聴者を獲得するための設定のように思われますが，刺激的な設定が，なぜ視聴者の獲得に繋がると考えられているのでしょうか．

「俗悪番組と呼ばれるものの多くは，…バラエティー型の番組に見出されるが，批判を呼ぶ俗悪さのなかに潜むバイタリティーは，視聴者に強くアピールするものを持っていた」（『日本のテレビ編成』『放送学研究 28』1976）ことを理解すると少し分かるような気がします

在京 5 社の代表的なバラエティー番組制作者 50 人が勢揃いして開いた「バラエティー向上委員会」と題するシンポジウム（2010 年 3 月 11 日）があります．そのシンポジウムで，バラエティ制作者が考える「罰ゲームのリスクと限界」「視聴者の感受性との真剣勝負」，そして「バラエティーの倫理をどう考えるか」（『月刊民放』2010 年 5 月号）について彼らの価値観を覗き見ることができます．

同誌によると,「視聴率」に関する質問で,制作者の中に「番組作りの時に,どうしても視聴率のことを念頭においてしまう」人は 43 人,「視聴率を信用している」人は 38 人もいたようです.中には視聴率と番組制作との関係を前向きにとらえる人もいましたが,小松純也（フジテレビ『爆笑！そっくりものまね紅白歌合戦スペシャル』制作者）のように,「どうしたらバラエティー番組を作る人間が主体性を持って作っていける環境になっていくのかということは,会社の偉い方にも考えてほしいし,視聴率のサンプルの取り方や視聴率の評価の仕方とか,根本的なところで考えないと,制作者たちの首がどんどん締まっていく…」と過度の視聴率依存への問題点を指摘する人もいます. 2003 年発生した日本テレビの視聴率買収事件は記憶に新しいところです.

「厳しさ増す民放経営」を克服する一つの手段として,広告費依存度を高めるものとして視聴率があります.「民放と視聴率調査のあゆみ」（『民間放送 50 年史』）を読んでみると,視聴率調査は 1954 年に NHK と電通から始まったということです.同書によると,1970 年代後半から放送局の内外で視聴率一辺倒への反省の声もあり,番組の視聴「"質"の調査を求めて」研究などが行われているということですが,視聴率への神話はなかなか崩れそうにありません.

さて,話を戻すと,PTA に支持されている番組『Q さま!!大晦日だよ！プレッシャー学力試験 50 人のインテリ激突!!今年一番頭いい芸能人決定戦 SP』（2008 年,テレビ朝日系）が,［品質］3.4,［実用］3.5,［娯楽］3.6,［倫理］4.6 の評価を得ています.これは,大人気を集めながらも低い評価を受けた『ダウンタウンのガキの使いやあらへんで！SP！』とは対照的な事例だと思われます.

Quae 評価でよい成績を残していた大晦日の『ドラえもん SP』は 1988 年『ドラえもん「こんやはドラソン 3 時間！」』で初登場して以来,2010 年で打ち切られて 2012 年番組復活まで 23 年間放映されました.この番組を視聴しながら

図表 5-5 『そうだったのか！池上彰の学べるニュース』の評価

年度	番組名	品質	実用	娯楽	倫理
2010	そうだったのか！池上彰の学べるニュース SP	3.7	4.5	3.6	4.6
2011	そうだったのか！池上彰の学べるニュース SP	3.7	4.4	3.6	4.7

成人した方も多いでしょう．大晦日番組編成で2年間『ドラえもん』にとってかわった番組は『池上彰の学べるニュース生放送！6時間半SP"いい質問ですね！"』です．

　この評価は，目を見張るような結果です．池上一人で毎回6時間半，7時間半の特番をもつのは身体的・精神的プレッシャーが大きいと思いますが，そのような姿をきちんと見ていた視聴者からのコメントに感嘆と励ましのメッセージが多く寄せられています．

　「年末にふさわしい今年1年の振り返りができた良い番組だったと思います」（女　34歳），「キャスターの池上彰の知識にはおそれいっている．どんなジャンルでもよどみなく答えて説得力がある」（男　72歳），「説明の仕方が上手い」（女　64歳）と評価してくれました．

　この番組は大晦日定着1年目に，日本民間放送連盟から「青少年に見てもらいたい番組」（2010）として選定され，第36回放送文化基金賞「番組部門」のテレビエンターテインメント賞にも輝きました．今後とも期待される大晦日番組の一つです．

　音楽番組では，2010年『ジャニーズ大集合!!年に一度の東京ドーム年越しプレミアムライブ名曲だらけ35曲!!』（フジテレビ系）と2011年『生中継ジルベスター興奮！ボレロで年越し光と音楽…華麗な競演金聖響　井上芳雄』（テレビ東京系）は紅白と棲み分けしながらも，時間帯の編成上では激突する形式を取っています．ジャニーズの音楽番組は，J-POPというジャンルをもって2003年初登場した一方，ジルベスターは1995年から生中継のクラシック音楽を継続してきました．しかし音楽の性格が異なるためファンの棲み分けが計られて編成上の激突を和らげているようです．

　Quae評価を見ますと，ジャニーズ番組は［品質］3.8,［実用］2.8,［娯楽］3.7,［倫理］4.0の評価を受けています．この年は10代の女子学生だけのコメントですが，「毎年見ているので，この番組を見ると新しい年が来るのだな，と実感します」（女　19歳），「あるジャンルに特化した歌番組であるところがいい．年末の恒例番組として定着しているため，これからもずっと続いてほしい」（女

19歳），「ジャニーズがファンと一緒に年越しをし，今年もよろしくと絆を深め合ういい番組」（女　19歳）という感想からアイドル歌手に向ける10代の女の子の気持ちがよく伝わります．

　ジルベスターは，2011年［品質］4.3, ［実用］3.2, ［娯楽］3.8, ［倫理］5.0という高い評価です．曲によっては好き嫌いがあるようで，以下のようなコメントが届いています．「毎年見ている楽しい番組です．今年は大好きなラベルの『ボレロ』がカウントダウンの曲だったので興味がありました．ちょっと時間はずれましたが…」（男　72歳），「毎年ゆく年くる年で新年となるが，初めてなので新鮮でした．しかしボレロは単純で飽きる，また暗いので新年を迎えるカウントダウン曲としては，二度と見たく（聞きたく）ない」（男　62歳）と言っています．

　2010年の「マーラーの曲にあわせた砂絵」は大変好評でした．「この番組は，毎年見逃すことのできない番組です．年末のカウントダウンにぴったりタイミングを合わせて，迫力あるクラシックの生演奏が行われるところがとても魅力的だと思います（決められた時間内に演奏が終わるかどうか，非常にどきどきします）．また，今回は音楽が流れている間，女性のアーティストが砂絵を描いたこともあり，クラシック音楽の楽しみ方を見せてもらえたように思いました」（女　25歳）．

　固定ファンの満足度が高いこの番組は，演奏終了時間が新年のタイミングにぴったり合うかどうかも楽しみの一つのようです．

　格闘技番組は2003年「民放3局が紅白に挑戦」するという企画で，『PRIDE男祭り』（フジテレビ系18：30～），『イノキボンバイエ』（日本テレビ系20：00～），『Dynamite』（TBS系21：00～）が紹介されます．新聞の見出しでは，「相乗効

図表5-6　『Dynamite』の評価

年度	番　組　名	品質	実用	娯楽	倫理
2008	Dynamite	2.8	2.4	2.9	3.2
2009	Dynamite	2.7	2.4	3.0	3.5
2010	Dynamite	2.5	2.6	3.0	3.2

果で"打倒・紅白"が成るのか，あえなく共倒れか．注目の大みそか決戦だ」（『朝日新聞』2003年12月31日）としていますが，Quae評価をうける2008年まで存続しつづけてきたのは『Dynamite』番組だけです．

　TBS系の『格闘技史上最大の祭典Dynamite!!〜勇気の力2009〜奇跡の2大決戦実現！「K-1魔裟斗引退試合×石井慧デビュー戦」』の時が回答者の最も多かったケースです．Quae評価は［品質］2.7,［実用］2.4,［娯楽］3.0,［倫理］3.5です．思った通り，格闘技番組の回答者の多くが男性でした．

　2010年は，開局60周年前夜祭であり，第10回記念大会ということで期待するファンの方が多かったと思いますが，「毎年見ているが，最近話題性の人が少なくなってきた気がする」（男　22歳），「試合にドラマ性を持たせようとするのはいいが，しつこい気がした」（男　46歳）などのコメントがありました．

　この格闘技番組は，2001年初登場した『ドリームマッチ実現!!猪木軍VS K-1最強軍直前生放送スペシャル．今夜すべてが決着する』を15時から159分放送し，その晩21時から『最強の格闘王座決定戦!!猪木軍VS K-1最強軍全面対抗戦完全決着!!』を144分放送しました．2005年までは，上記の昼・夜という形を取っていましたが，2006年からは17時の時間帯に予告を出す程度です．この番組は，2002年を除いて大晦日初登場の時から『読売新聞』や『朝日新聞』，その他の新聞にも予告を出すなど，TBS系の年末番組と言えば"格闘技"だという印象を強く残しています．

　2008年から2009年まで330分間の男たちの壮大な闘いが始まります．そして2010年21時から159分の放送を最後に大晦日の番組から降ります．2011年は，『ビートたけしの勝手にスポーツ国民栄誉SHOW 2011スポーツ大晦日祭り！5時間半！SP』にとってかわり，2012年は『大晦日スポーツ祭り』を放送しています．番組名を変えてもスポーツというジャンルを踏襲することで，他局との差異化を図る意図が感じられます．

図表 5-7 『読売新聞』と『朝日新聞』の番組予告一覧

『読売新聞』(1981～2012年／大晦日)	放送局	『朝日新聞』(1981～2012年／大晦日)
NHK 紅白歌合戦 (26回)	NHK 総合	NHK 紅白歌合戦 (21回)
	NHK 教育	
忠臣蔵／白虎隊／田原坂／五稜郭／奇兵隊／勝海舟	日本テレビ系	
世界ビックリ大賞／全日本仮装大賞		
ゆく年くる年		
年末珍場面スペシャル		
源義経／風林火山		
幸福をよぶテレビ (2回)		
ダウンタウンの裏番組をブッ飛ばせ (2回)		
いけ年こい年 (3回)		
DAISUKI！スペシャル		
どんまい！煩悩バラエティー!!		
新春ズームイン!!朝！(2回)		
新春笑点スペシャル		
新春爆笑仮装コンテスト		
ウンナン宇宙征服宣言		
紅白なんてブッ飛ばせ		
SMAP 年越し屋外生放送大宴会		
バラ色の珍生!!		
電波少年ドロンズ隊にアラスカゴール		
超強力!!独占スクープ		
ナイナイ (2回)		
全国民が選ぶ美味しいラーメン屋さん		
イノキボンバイエ 2003		
お笑いネタ (2回)		
細木数子の大晦日スペシャル!!		
泉ピン子ウィークエンダー		
ダウンタウンのガキの使いやあらへんで!! (7回)		
シャル・ウィ・ダンス		
ぐるナイおもしろ荘 (3回)		
幹事さまぁ〜ず		
ジャイアント馬場		
最強の格闘王決定戦!!	TBS系	Dynamite!! (7回)
Dynamite!! (8回)		大晦日スポーツ祭り
大晦日スポーツ祭り		
年またぎ酒場放浪記		
「ルール」1か8か	フジテレビ系	ゆく年くる年 (2回)
FNS 大感謝祭		ジャンク SPORTS 大晦日 SP
俺たちのワイドショー		1億分の1の男
料理の鉄人		ジャニーズカウントダウン
ワールドカウントダウンスーパースペシャル		
世界の国立公園スペシャル	テレビ朝日系	ゆく年くる年
ビートたけしの世界はこうしてダマされた!?		年越し生テレビスペシャル
たけしの TV タックル (2回)		1992年の衝撃
		そこまでバラすか！ウワサの真相
		ドラえもん (4回)
		Qさま!! (2回)
		雑学王 (3回)
		ビッグダディ
		池上彰の学べるニュース (2回)
		お願い！ランキング
ゆく年くる年 (2回)	テレビ東京系	世界の鉄人ドリームマッチ
ハッスル祭り		マジック格闘技 T-1 グランプリ
	WOWOW	年越しはサザンと一緒に！
		チャーリーとチョコレート工場
		桑田佳祐ライブ in 神戸&横浜

2 『朝日新聞』と『読売新聞』の番組予告

　ところで，大晦日のテレビ番組は，どのようにして視聴者によって選ばれているのでしょうか．

　「普段テレビを見るとき，番組をどのように選んでいますか」という質問に対し，テレビ番組をテレビ受信機の「リモコンで探して選ぶ(24％)」人が増えてきてはいますが，まだ「新聞のテレビ欄を見て選ぶ(49％)」（『放送研究と調査』2010年8月号）人が多いようです．

　それでは，大晦日の新聞はどのような番組予告をしているのでしょうか．『読売新聞』と『朝日新聞』という2大紙を通して見てみましょう（図表5-7）．

　分析した上記の図表から，『読売新聞』が自社予告に力を入れていることがわかります．番組の予告とQuaeの回答者数との関係を見ると「新聞のテレビ欄をみて（テレビ番組を）選ぶ」傾向にあることが分かります．予告が一番多かった『NHK紅白歌合戦』が，回答者数も405人で最も多く，その次は『ダウンタウンのガキの使いやあらへんで!!』の順になっています．しかし，図表5-7を参照すると，『Dynamite!!』のように一時的に予告が多くても，番組の継続性と特性が視聴者の番組選択に関わりをもっていることも分かりました．

3　若年層と高年層のテレビの見方

　Quae回答者の年代を見ると，10〜20代と60代以上の方が多く，各調査で10〜20代の学生の回答が全体の2〜6割を占め，60代以上は2〜4割を占めています．性別で見ると，男性回答者が多いのは，大晦日の夜はやはり女性の方が忙しく時間的・心理的余裕がないということのようです．

　一般的にも若年層と高年層，および，男女のテレビ視聴動向は大変興味深いものがあります．それを『放送研究と調査』(2008〜2011年)に基づいて考察してみます．2009年に20代の男性が同年代の女性に比べて視聴時間が少ないことが話題にされましたが，2010年には10〜30代の女性の視聴時間量（1日，

週平均）が減ったことが指摘されています．2010年調査の週間接触者率（1週間のうちにテレビを5分以上みた人の割合）によると，20代の男女，30代の男性でそれぞれ1割強の人が「1週間のうちに一度もテレビを見ない」という結果が出ました．若年層の「テレビ離れ」現象を示しています．しかし，テレビを見る若者（16～29歳）はテレビ「満足度」が高く（83％），「特に見たい番組がなくてもテレビをつけている」（62％）習慣があり，今後もテレビ視聴が継続されるものと思われます．

　若年層は「自分にとって欠かせないメディア」として，「テレビ」（37％）と「インターネット」（32％）をあげています．「テレビ」が1位とはいえ，割合の低さに驚きます．しかし，インターネットで「見逃したテレビ番組を動画サイトで見る」人が4割もいて，インターネットとテレビは必ずしも競合するものではないようです．テレビが戦略的にインターネットと協力することもできますが，動画サイトの利用は動画投稿サイト「YouTube」の84％に比べて，「NHKオンデマンド」が3％，「フジテレビOn Demand」と「TBSオンデマンド」はそれぞれ2％にとどまっており，まだまだ未開拓分野として残っています．

　高年層のテレビの見方を見ると，視聴時間の増大が男女ともに60代に入って始まり，男性は65歳以後に2度目の視聴時間の増大が生じています．しかし，「自由時間があるのに視聴が増大しない人」も1割弱いました．男女70歳以上では視聴時間量（1日，週平均）はさらに増えていきます．男性70歳以上は女性より26分長く，1日5時間57分の視聴になります．そして，ほぼ6割の人は，テレビ視聴が増えるのに伴って，見たい番組ジャンルが変わったと言います．よく見るようになったものは，「世の中の出来事を伝えてくれるもの」（92％）と，「世間の動きに遅れないですむもの」（65％）です．高年層の視聴増大によってよく見るようになるのは，地上波の場合NHKより民放です．番組視聴のため新たに基礎知識を積む必要がある番組や語学番組や趣味番組などに関心がない視聴者は，これらの番組が比較的多いNHKから離れてしまうようです．

BS 放送の週間接触者率は，2008 年から 2011 年まであまり変化がなく 25％を維持しています．つまり平均すると国民全体の 4 人に 1 人が週 1 回は BS 放送を視聴しているということです．NHK の BS は 18％から 16％に減少していますが，民放の BS は 13％から 18％へと増加しています．男女の年代層別で見ると，男性 60 代以上と女性 50 代 60 代で 30％を超え，男性 70 歳以上は 42％と BS 放送を最もよく見ています．BS 放送を主に見るのは高年層ですが，毎日見るのではなく，「1 日」しか見ない人が多いと報告されています．大晦日のテレビ番組の採点調査期間中に評価された番組は，『007 カジノロワイヤル』(WOWOW)，『バイオハザードⅢ』(Movie+)，『大晦日も夢中 2008！』(東京 MXTV)，『NHK BS ニュース』(NHK BS1)，『BS ベスト・オブ・ベスト〜秩父山中　花のあとさき〜ムツばあさんのいない春〜』(NHK BShi)，『BS 日テレ開局 10 周年特別番組〜日本・こころの歌　年越し・新春スペシャル〜』(BS 日テレ)，『あの感動をもう一度！なでしこジャパン 24 時間完全プレーバック』(NHK BS1) などがあります．

4　大晦日番組の考察

1953 年にテレビが誕生してから「50 年の歴史を通じて日本のテレビ番組は，長時間化（ワイド化）し，コマ化し，内容において時事化・情報化してきている」(『テレビ視聴の 50 年』) と言われていました．10 年前に発行された同書によると，「編成の時代」(1975〜1985)，「ニュース戦争と新型バラエティ」(1985〜1995)，「熾烈さを増す視聴率競争」(1995〜2003) と時代区分されています．テレビのその後の変化は，筆者がテレビ番組欄を分析して見た結果，番組の「セグメント編成とコンテンツ競争」(2003〜2012) に現れているのではないかと思われます．

図表 5-8 は 1981 年から 2012 年まで大晦日のテレビ番組欄から，18 時から 24 時まで NHK 総合と NHK 教育，在京テレビ 5 局を対象にして分析したものです．8 つのカテゴリーを設定して 32 年間の変遷を辿ってみます．それをさ

図表 5-8　大晦日番組のカテゴリー別の時間量（18：00 から 24：00 時まで）

年度	報道	教育・教養生活情報	音楽	ドラマ	アニメ	映画	スポーツ	バラエティ	合計（分）
1981	433	514	580	139	171	258	30	395	2520
1982	353	664	564	281	429	0	0	229	2520
1983	284	754	704	263	205	80	25	205	2520
1984	324	649	849	60	151	144	0	343	2520
1985	331	715	882	204	151	0	0	237	2520
1986	370	446	996	324	131	0	0	253	2520
1987	306	435	869	591	146	0	0	173	2520
1988	324	654	552	329	174	105	117	265	2520
1989	220	465	822	263	205	0	165	380	2520
1990	229	315	1045	202	174	0	165	390	2520
1991	184	315	1022	330	174	0	165	330	2520
1992	163	60	1009	265	174	136	40	673	2520
1993	123	360	629	0	176	45	5	1182	2520
1994	196	460	678	30	176	0	0	980	2520
1995	110	647	1038	0	60	0	0	665	2520
1996	213	480	768	45	174	0	0	840	2520
1997	189	475	953	0	174	0	30	699	2520
1998	177	585	932	0	174	202	0	450	2520
1999	251	280	1155	0	95	0	0	739	2520
2000	291	85	990	0	235	0	0	919	2520
2001	192	235	775	0	175	159	150	834	2520
2002	175	661	775	0	240	0	309	360	2520
2003	172	131	839	0	270	0	505	603	2520
2004	146	66	794	0	385	0	484	645	2520
2005	281	75	794	0	205	0	505	660	2520
2006	230	61	830	0	180	0	454	765	2520
2007	140	216	820	65	120	0	334	825	2520
2008	140	646	780	0	150	0	324	480	2520
2009	125	390	835	0	150	0	345	675	2520
2010	90	591	765	0	0	0	159	915	2520
2011	45	470	775	0	0	60	120	1050	2520
2012	95	115	780	0	180	0	300	1050	2520

（読売新聞 1981 〜 2012 年までのテレビ番組欄より筆者作成）

らに判りやすくするため5年ごとにして線グラフで表示してみました．

　Quae評価は，2008年から2012年の時期にあたります．「報道」番組は，NHKニュースが紅白の番組の開始時間に影響を受けて，フジテレビ系のFNNニュースが，2011～2012年になくなることで時間量に変化が起きています．「教育・教養・生活情報」などの番組は，NHK教育テレビがある程度の時間量を確保していますが，民放の大晦日番組の編成により時間量に変化が生じています．2010年から始まったテレビ朝日系の『学べるニュース番組』が「教育・教養・生活情報」番組の時間量の増加に繋がりました．「音楽」番組は定着している定番番組の時間調整により多少の差が生まれます．「アニメ」番組は『ドラえもん』が2010年に打ち切られましたが，2012年に復活しました．「映画」番組は2011年NHK教育テレビで1本放映していたのが，時間量を確保することになりました．「スポーツ」番組は長時間の格闘技番組の短縮と打ち切りが影響しています．「バラエティ」番組の時間量の増加は「教育・教養・生活

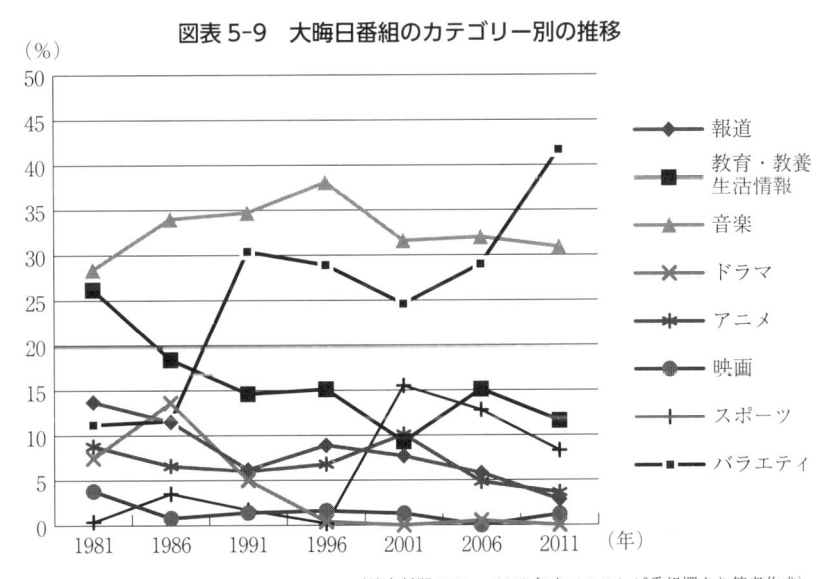

図表5-9　大晦日番組のカテゴリー別の推移

（読売新聞1981～2012年までのテレビ番組欄より筆者作成）

情報」番組と「スポーツ」番組で減少した時間量が「バラエティ」番組に移動したことの影響です．

　Quae 調査期間中，NHK 総合を除いて大晦日番組に編成替えが見られました．番組編成の土台は，すでに 2008 年「在京テレビ 5 局の 4 月改編」(『月刊民放』2008 年 4 月号) に作られていたのかもしれません．その年に各放送局の編成部が一斉に動き出しました．局によっては，プライムの時間帯改編率が 34.0%（フジテレビ系）まであったそうです．大晦日の番組に対しても例外ではないようです．今後も大晦日番組編成に変化が起きるのは予測できることでしょう．

　大晦日のテレビ番組を 10 年ごとに見ていきますと，番組の時代的特徴が分かります．1981〜1990 年は，「音楽」番組と「バラエティ」番組が勢いを増していく時期です．1991 年から 2000 年までは「スポーツ」番組と「アニメ」番組が生き返ってくる時期です．2001 年から 2010 年までは，「バラエティ」番組が再び急成長する時期です．一方，「教育・教養・生活情報」番組も再び成長するように見えましたが，その勢いが止まってしまいました．

　視聴者は，おのおののテレビ番組に接しながら現実を認識していきます．テレビ接触量により，テレビよりの価値観や考え方を持ちやすいという培養分析という研究があります．また，テレビで取り上げられる争点が時間の経過とともに，視聴者の現実認識において今何が重要であるかという優先順位に何らかの影響を与えるという研究もあります．視聴者が関心ある争点であろうとテレビでまったく取り上げない，または取り上げられなくなると，その争点について自分の考えや意見が少数派であると思ってしまうようです．そして，多数派からの孤立を恐れて自分の意見を言わず沈黙してしまうという研究もあります．テレビ番組は，その時代のテレビ文化の産物として考えられます．そのテレビ番組を作っていく送り手は，放送局です．放送局が視聴率優先主義の強迫概念に縛られて産み落とした番組の数だけ，視聴者もまた思考回路に影響を受けるのだと言えるでしょう．視聴率が低いから番組が早期終了されたり，予算が与えられなかったり，良い編成時間帯から外されたりします．その結果，視聴者は，番組の選択の幅が狭くなるとともに同時間帯の似通った番組のもつ特徴が，

われわれの価値判断の際の画一性を形成するという危惧も生じるでしょう．

　今日の視聴者は，文化環境としてのテレビを見渡す受け手なりの責任があると思います．テレビと視聴者との程良い距離は，テレビ局の視聴率競争より番組の多様性や視聴質への価値創造と視聴者のメディア・リテラシーによって作られると思います．テレビ番組に対する上記の Quae 評価から分かるように，視聴率の高い番組が必ず良い評価を受けるとは限らないのです．今後は，さらに視聴者に配慮した"視聴質"を重視したテレビ番組作りが必要だと思います．また，同時間帯の類似した番組編成への競争も少し自制して，同時間帯に多様なジャンルの番組を提供してほしいです．その結果，「テレビ離れ」した視聴者が戻ってくる可能性もあるでしょう．日本のテレビ文化を象徴する大晦日の番組に今後何が起きるか，楽しみにしたいものです．

（黄　允一）

引用・参考文献

井上宏，1981，「"編成の時代"と編成研究」日本放送協会放送文化研究所編『放送学研究 33』日本放送出版協会

NHK 放送文化研究所編，2003，『テレビ視聴の 50 年』NHK 出版

小島博・山田亜樹・仲秋洋，2011，「浸透するタイムシフト，広がる動画視聴」NHK 放送文化研究所編『放送研究と調査』3 月号，NHK 出版

上滝徹也，2008，「特集・長寿番組の秘訣—番組構造の中に次代テレビのベクトルを探す」日本民間放送連盟編『月刊民放』11 月号，日本民間放送連盟

齋藤健作，2008，「高齢者のテレビ視聴（上）～視聴が増大する人・しない人～」NHK 放送文化研究所編『放送研究と調査』9 月号，NHK 出版

齋藤健作，2008，「高齢者のテレビ視聴（下）～視聴増大で変わること・変わらないこと～」NHK 放送文化研究所編『放送研究と調査』10 月号，NHK 出版

関根智江，2011，「年層による差がさらに広がるテレビ視聴～2000～2011 年の全国個人視聴率調査から～」NHK 放送文化研究所編『放送研究と調査』12 月号，NHK 出版

谷正名，2010，「20 代男性・『不安』と『情報過多』の中で～①生活意識とメディア接触に見える『断層』～」NHK 放送文化研究所編『放送研究と調査』8 月号，NHK 出版

谷正名，2010，「20 代男性・『不安』と『情報過多』の中で～②生活意識とメディア接触に見える『断層』～」NHK 放送文化研究所編『放送研究と調査』11 月号，NHK 出版

日本放送協会放送文化研究所編，1976，「日本のテレビ編成」『放送学研究 28』日本放送出版協会

日本民間放送連盟編，2001,『民間放送 50 年史』日本民間放送連盟
日本民間放送連盟編，2008,「在京テレビ 5 局の 4 月改変」『月刊民放』4 月号，日本民間放送連盟
バラエティー向上委員会，2010,「特集バラエティーなう　私は、バラエティー番組 ☐ ます。」日本民間放送連盟編『月刊民放』5 月号，日本民間放送連盟
平田明裕，2010,「若者はテレビをどう位置づけているのか～若者のテレビ視聴とメディア利用・「日本人とテレビ・2010」調査から～」NHK 放送文化研究所編『放送研究と調査』12 月号，NHK 出版
平田明裕・諸藤絵美・荒牧央，2010,「テレビ視聴とメディア利用の現在 (2) ～「日本人とテレビ・2010」調査から～」NHK 放送文化研究所編『放送研究と調査』10 月号，NHK 出版
松本修，2008,「長寿番組テレビ新しいシーンを生んだプレゼン形式」日本民間放送連盟編『月刊民放』11 月号，日本民間放送連盟
諸藤絵美・平田明裕・荒牧央，2010,「テレビ視聴とメディア利用の現在 (1) ～「日本人とテレビ・2010」調査から～」NHK 放送文化研究所編『放送研究と調査』8 月号，NHK 出版
『朝日新聞』1981 年 12 月 31 日～ 2012 年 12 月 31 日のテレビ番組欄
『読売新聞』1981 年 12 月 31 日～ 2012 年 12 月 31 日のテレビ番組欄

第6章 「バラエティ番組」の通信簿

0 はじめに

　「バラエティ番組」といえば，1990年代までは『8時だョ！全員集合』(TBS系)や『オレたちひょうきん族』(フジテレビ系)などの，いわゆるお笑い番組を指すことがほとんどでした．しかし近年，「バラエティ番組」というジャンルは，その言葉の通り多様なカテゴリーを含むジャンルとなってきています．

　そもそも，「バラエティ番組」とはどのような定義がされているのでしょうか．「放送法」(総務省　2011)や日本放送協会(以下，NHK)が定めている「放送基準」(日本放送協会 2009)，日本民間放送連盟(以下，民放連)が定めている「日本民間放送連盟放送基準」(民放連 2009)を見ても，「バラエティ番組」という言葉を見ることはできません．ただし，「バラエティ番組」の代わりに，「芸能番組」や「娯楽番組」という記述があり，これが「バラエティ番組」の一端を捉えているのではないかと考えられます．

　では，なぜ明確な定義がなされていないのでしょうか．その理由としては，これまでの「バラエティ番組」は，「芸能番組」や「娯楽番組」というジャンルに振り分けられる内容の番組だったために定義する必要がなかったのではないか，ということが考えられます．二つ目の理由として，これまでも試みてはいたが，全体を捉えることが難しく，日々変化していくこの「バラエティ番組」というジャンルを定義できなかったのではないか，ということが考えられます．もしくは，「バラエティ番組」というジャンルが，他のジャンル(ニュースやドキュメンタリー，ドラマなど)の枠に当てはめることのできない番組の総称として使われているために，定義がないのかもしれません．このようにさまざまな

理由が考えられますが,日常的には当たり前のように使われているというのが,この「バラエティ番組」というジャンルであると言えます.

「バラエティ番組」が,近年のように多くのカテゴリーを持つようになったのは,2000年代後半からと考えられます.2000年代前半までは,先にあげたような,お笑い芸人が漫才やコントを行うお笑い番組が主流であり,1990年代までの傾向を残していました.

しかし2000年代後半になると,上記のようなお笑い番組は次々と終了していき,代わりに,多様なカテゴリーの「バラエティ番組」が見られるようになります.元NHK社会部記者の池上彰がニュースを分かりやすく説明していく教養バラエティ『そうだったのか！池上彰の学べるニュース』(テレビ朝日系)や,さまざまな企業や視聴者から寄せられた疑問を発信していく情報バラエティ『シルシルミシルさんデー』(テレビ朝日系)などが代表例としてあげられます.それまで堅いイメージのあった「教養番組」や「情報番組」というジャ

図表 6-1　バラエティ番組の分類

カテゴリー名	カテゴリー内容
①トークバラエティ	スタジオでの出演者同士のトーク
②教養バラエティ	クイズ形式などを用い,視聴者の教養となる知識を提供する
③音楽バラエティ	ミュージシャンが出演し,楽曲を披露する
④情報バラエティ	番組制作者側から提示・提供する情報を展開していく
⑤演芸バラエティ	漫才や落語,コントなど,演芸的内容を披露する
⑥課題克服バラエティ	番組制作者,もしくは視聴者が準備した課題等を出演者が体験・克服する
⑦多コーナー型バラエティ	特に決まった内容や企画は設けず,毎回,いくつかのコーナーを組み合わせている
⑧映像バラエティ	制作者以外が撮影した映像を紹介していく
⑨ドキュメンタリー型バラエティ	ドキュメンタリー番組の形態を用い,主に映像で表現する
⑩対決バラエティ	スタジオ展開での芸能人同士の対決
⑪特番型バラエティ	バラエティという大きなくくりの中で,毎回,異なる内容の番組を特番形式で放送

出所)鹿島(2011)を参照し,筆者が作成

ンルに，お笑い番組にあった要素（お笑い芸人の出演や笑い声による演出など）を加えることにより，新しい「バラエティ番組」として認識され，人気を博していきました．

このように，近年の「バラエティ番組」におけるカテゴリーの増加は，「バラエティ番組」というジャンルが多様化したというより，他のジャンルの番組がバラエティ要素を加えたことにより起きていると考えられます．言いかえるなら，あらゆるジャンルでの"バラエティ化"です．現在そのカテゴリー数は，「バラエティ番組」を分析した鹿島（2011）によると，11カテゴリー存在するとしており，現在の「バラエティ番組」という言葉がもつ多様性が見られています（図表6-1参照）．

1　「バラエティ番組」に対する視聴者の反応

「バラエティ番組」には，常に視聴者への悪影響という意見が多く見られます．「描写が下品」「子どもがまねをする」「暴力的な表現が多い」など，さまざまな意見が話題にあがることがあります．

具体的に，どのような意見が多いのかをまとめたものに，放送倫理・番組向上機構[1]（以下，BPO）に寄せられた「バラエティ番組」に対する意見をまとめた「最近のテレビ・バラエティー番組に関する意見」（BPO 2009）があります．この報告書では，「バラエティ番組」に対する批判には，以下の5種類あるとしています．

1. 下ネタ
2. イジメや差別
3. 内輪話や仲間内のバカ騒ぎ
4. 制作の手の内がバレバレのもの
5. 生きることの基本を粗末に扱うこと

また，「バラエティ番組」への視聴者の批判や反感は消えることはないだろうとしている一方，厳格な規制は番組制作を萎縮させてしまう可能性があると

して，問題の対応への難しさについても言及しています．

次に，日本 PTA 全国協議会（以下，PTA）が毎年行っている「子どもとメディアに関する意識調査」（PTA 2008-2012）を見てみます．この調査では，「保護者が子どもに見せたくないテレビ番組」を尋ねており，そこには多くの「バラエティ番組」が名を連ねています．

図表 6-2 は，過去 5 年間の見せたくない番組の上位 10 番組をまとめたものですが，毎年 7 ～ 9 番組が「バラエティ番組」で占められていることが分かります．これらの番組は，「内容がばかばかしい」「言葉が乱暴である」「常識やモラルを極端に逸脱している」「エッチな場面が多い」「いじめや偏見を助長する場面が多い」などの理由により，見せたくないテレビ番組としてあげられています．

しかしながら，毎年同じ番組が並んでおり，見せたくないとされているものの，継続して放送されている現状があります[2]．

また，同調査の「保護者が子どもに見せたいテレビ番組」でも，毎年 5 ～ 8

図表 6-2　子どもに見せたくないテレビ番組上位 10 位（過去 5 年間）

	2007 年度	2008 年度	2009 年度	2010 年度	2011 年度
1	ロンドンハーツ	ロンドンハーツ	ロンドンハーツ	ロンドンハーツ	ロンドンハーツ
2	めちゃ×2イケてるッ！	クレヨンしんちゃん	クレヨンしんちゃん	クレヨンしんちゃん	クレヨンしんちゃん
3	クレヨンしんちゃん	志村けんのバカ殿様	めちゃ×2イケてるッ！	めちゃ×2イケてるッ！	志村けんのバカ殿様
4	エンタの神様（同率4位）	めちゃ×2イケてるッ！	志村けんのバカ殿様	志村けんのバカ殿様	めちゃ×2イケてるッ！
5	志村けんのバカ殿様（同率4位）	はねるのトびら	はねるのトびら	クイズ！ヘキサゴンⅡ	ピカルの定理
6	はねるのトびら	クイズ！ヘキサゴン	クイズ！ヘキサゴンⅡ	はねるのトびら	ピラメキーノ（同率6位）
7	リンカーン	ブラッディ・マンデイ	ダウンタウンのガキの使いやあらへんで!!	ピラメキーノ	リンカーン（同率6位）
8	ライフ	エンタの神様	エンタの神様（同率8位）	行列のできる法律相談所	私が恋愛できない理由
9	クイズ！ヘキサゴン	リンカーン	リンカーン（同率8位）	リンカーン	蜜の味
10	ダウンタウンのガキの使いやあらへんで!!	ダウンタウンのガキの使いやあらへんで!!	ライアーゲーム	ダウンタウンのガキの使いやあらへんで!!	はねるのトびら

注）塗り潰されているのはバラエティ番組
出所）PTA（2008-2012）を参照し，筆者が作成

図表6-3　子どもに見せたいテレビ番組上位10位（過去5年間）

	2007年度	2008年度	2009年度	2010年度	2011年度
1	世界一受けたい授業	世界一受けたい授業	世界一受けたい授業	世界一受けたい授業	世界一受けたい授業
2	どうぶつ奇想天外	どうぶつ奇想天外！	Qさま!!	そうだったのか！池上彰の学べるニュース	天才！志村どうぶつ園
3	3年B組金八先生	Qさま!!（同率3位）	ダーウィンが来た！生きもの新伝説	龍馬伝	Qさま!!
4	平成教育委員会	篤姫（同率3位）	天才！志村どうぶつ園	ダーウィンが来た！生きもの新伝説	ダーウィンが来た！生きもの新伝説
5	脳内エステIQサプリ	平成教育委員会	週刊子どもニュース	天才！志村どうぶつ園	教科書にのせたい！
6	週刊子どもニュース	週刊子どもニュース	平成教育委員会	Qさま!!	テストの花道
7	ダーウィンが来た！生きもの新伝説	ダーウィンが来た！生きもの新伝説	クイズ！ヘキサゴンⅡ	世界の果てまでイッテQ！	南極大陸
8	天才！志村どうぶつ園	クイズ！ヘキサゴン	世界ふしぎ発見！	平成教育委員会	プロフェッショナル仕事の流儀
9	その時歴史が動いた	その時歴史が動いた	プロフェッショナル仕事の流儀	週刊子どもニュース	サザエさん
10	プロフェッショナル仕事の流儀	天才！志村どうぶつ園	JIN―仁―	ザ！鉄腕！DASH!!（同率10位）	世紀のワイドショー！ザ・今夜はヒストリー
				教えてMr.ニュース 池上彰のそうなんだニッポン（同率10位）	

注）塗り潰されているのはバラエティ番組
出所）PTA（2008-2012）を参照し，筆者が作成

番組の「バラエティ番組」があげられています（図表6-3参照）．ただし，カテゴリーには違いが見られ，"見せたくない"には，お笑い番組などの昔ながらの「バラエティ番組」が，"見せたい"には，教養バラエティなどの新しいカテゴリーの「バラエティ番組」が見られています．やはり，「バラエティ番組」であっても，教養や教育といった要素が含まれていると，"見せたい"となるようです．

このように，「バラエティ番組」の悪影響論は，鹿島（2011）が分類したカテゴリーの中でも，トークや演芸，多コーナー型に集中していることが見られます．一方で，教養や情報のカテゴリーは"見せたい"とされていることから，良い影響があると考えられているようです．

しかし，なぜ未だに悪影響があるとされながらも，それらの多くの番組が続いているのでしょうか．次節以降では，この疑問に対する答えを見つけるため

に，次節から Quae の番組評価の結果を見ていきます．

2　カテゴリーごとの「バラエティ番組」評価

これまでの Quae 番組評価において，「バラエティ番組」は一番多く評価されてきたジャンルと言えます．そこには，多くのカテゴリーが含まれています．本節では，鹿島（2011）のカテゴリーを元にそれぞれの番組評価についてまとめていきます[3]．

(1) トークバラエティ

トークバラエティには，出演者によるトークが中心の「バラエティ番組」が含まれます．出演者によって番組内容が変化するので，毎回違った雰囲気を楽しめるのが特徴です．評価について，図表6-4を見ると，トークバラエティ全体の平均では［倫理］が一番高く，次いで［娯楽］［品質］［実用］の順に評

図表6-4　トークバラエティ評価一覧

放送日	放送局	番組名	品質	実用	娯楽	倫理
2009年10月31日	日本テレビ系	恋のから騒ぎ	2.9	2.6	2.8	2.9
2010年2月28日	日本テレビ系	行列のできる法律相談所	2.7	2.8	3.1	3.8
2010年8月31日	日本テレビ系	踊る！さんま御殿!!	3.5	3.0	3.8	3.7
	テレビ朝日系	ロンドンハーツ	3.3	2.5	3.7	3.9
2010年10月31日	日本テレビ系	おしゃれイズム	3.4	2.5	3.7	4.7
	日本テレビ系	行列のできる法律相談所	2.7	3.2	3.3	3.6
2011年2月28日	日本テレビ系	しゃべくり007	3.2	2.9	3.7	3.9
2011年8月31日	フジテレビ系	ホンマでっか!? TV	3.2	3.6	3.2	3.7
2011年10月31日	日本テレビ系	人生が変わる1分間の深イイ話	3.3	3.2	3.6	4.1
	日本テレビ系	しゃべくり00715分緊急拡大SP	3.2	2.8	3.5	3.6
平均			3.1	2.9	3.4	3.8

価がされています．

　4軸の評価を細かく見ると，［品質］では，「品が良い (2.1)」が低く評価されています．［実用］は，「話題性がある (3.5)」が少しですが，高く評価されていますが，「教養が身につく (2.3)」が，低く評価されています．［娯楽］は「楽しい (4.2)」が高く，「出演者が好き (3.5)」も少し高く評価されていますが，「感動する (2.1)」が低く評価されています．［倫理］は，全体では 3.5 を上回っていますが，番組によっては 3.0 を下回っている傾向が見られています．

　トークバラエティにはお笑い芸人の人が多く登場しており，自然と笑いを取ろうとするトークが中心となっていきます．そのトークがあまりにも笑いに走ってしまっているために，このような評価になっているのだと思います．

(2) 教養バラエティ

　教養バラエティは，近年増加している新しい「バラエティ番組」の一つです．専門知識や歴史，雑学などさまざまな知識を，出演者による解説やクイズにより学ぶことができるのが特徴です．評価について，図表 6-5 を見ると，全体の平均では［実用］［娯楽］［倫理］が高く評価されています．［品質］も 3.6 と比較的高く，全体的に良い評価を受けているカテゴリーと言えます．

　4軸の評価を細かく見ると，［品質］は「独創性がある (4.0)」が高く，「分かりやすい (4.4)」や「演出が良い (3.8)」が高く評価されています．［実用］は，すべての項目が 3.8 以上となっており，高く評価されています．［娯楽］では，「楽しい (4.5)」「リラックスできる (3.7)」が高く評価されています．［倫理］はどの項目も 3.8 以上と高く評価されています．このように，低い評価が見られないのは特徴の一つと言えます．

　教養バラエティが近年増加している理由を Quae 評価から読み取ると，独創性があり，内容が濃いのが視聴者に好まれているためではないかと思います．また，その内容を分かりやすく伝えるための演出や工夫がされており，時には笑いながら見られる，というところが良いのではないでしょうか．

図表 6-5 教養バラエティ一覧

放送日	放送局	番組名	品質	実用	娯楽	倫理
2009年10月31日	日本テレビ系	世界一受けたい授業	3.7	4.0	3.5	4.8
	TBS系	世界・ふしぎ発見！	3.6	3.6	3.8	5.0
2010年4月30日	TBS系	がっちりアカデミー!!	3.6	4.1	3.8	3.7
2010年6月30日	テレビ朝日系	そうだったのか！池上彰の学べるニュース	3.9	4.5	3.8	4.5
2010年8月31日	NHK総合	爆笑問題のニッポンの教養「はじまりはラブソング」	4.3	3.9	4.0	4.8
2010年10月31日	フジテレビ系	熱血！平成教育学院	3.1	3.6	3.0	4.5
2011年2月28日	フジテレビ系	ネプリーグ	3.1	3.2	3.3	3.7
	テレビ朝日系	Qさま!!	3.4	3.6	3.8	4.2
	テレビ朝日系	雑学王	3.4	4.1	3.9	4.3
2011年4月30日	NHK総合	検索de ゴー！とっておき世界遺産	3.8	3.8	3.8	4.5
	日本テレビ系	世界一受けたい授業	4.0	4.4	4.1	4.2
2011年6月30日	日本テレビ系	秘密のケンミンSHOWスペシャル	3.4	3.4	3.6	4.3
2011年10月31日	フジテレビ系	ネプリーグ	3.5	3.4	3.3	4.1
2012年2月29日	NHK総合	ためしてガッテン「あなたの知らない寝相」	4.0	4.2	4.1	4.6
2012年4月30日	フジテレビ系	ネプリーグGP	3.7	3.8	3.5	4.6
平均			3.6	3.8	3.7	4.4

(3) 情報バラエティ

　情報バラエティも，近年増加している新しい「バラエティ番組」の一つです．教養バラエティとは異なり，専門知識ではなく身近な情報を教えてくれるのが特徴です．評価について図表6-6を見ると，全体の平均は［倫理］項目が高く，他の軸も高い数値で評価されていることが分かります．

　4軸の評価を細かく見ると，［品質］は「分かりやすい(4.0)」「演出が良い(3.7)」「独創性がある(3.8)」が高く評価されています．［実用］は，「話題性が

図表6-6 情報バラエティ評価一覧

放送日	放送局	番組名	品質	実用	娯楽	倫理
2009年10月31日	NHK総合	東京カワイイ★TV「アフターパリデビュー」	3.4	3.7	3.2	4.3
	テレビ東京系	出没！アド街ック天国〜三郷〜	3.3	3.3	3.2	4.5
2010年2月28日	フジテレビ系	エチカの鏡〜ココロにキクTV〜	3.4	3.5	3.3	4.2
2010年6月30日	テレビ朝日系	ナニコレ珍百景	3.4	3.4	3.6	4.1
2010年8月31日	テレビ東京系	開運！なんでも鑑定団	3.5	3.6	3.7	4.6
2010年10月31日	テレビ朝日系	シルシルミシルさんデー	3.7	4.3	3.9	4.5
	テレビ東京系	モヤモヤさまぁ〜ず2「築地」	3.5	3.1	3.9	4.7
2011年2月28日	NHK総合	鶴瓶の家族に乾杯「前川清大阪府岸和田市」(前)	4.0	3.6	4.3	4.4
	テレビ朝日系	ビートたけしのTVタックル	3.4	3.7	3.7	3.4
2011年10月31日	NHK総合	鶴瓶の家族に乾杯「再会編間寛平福島県相馬市」(前)	3.5	3.3	3.9	4.4
	フジテレビ系	世界行ってみたらホントはこんなトコだった!?	3.4	3.8	3.4	3.7
	テレビ朝日系	ビートたけしのTVタックル	2.9	3.6	2.8	3.6
2012年4月30日	NHK総合	鶴瓶の家族に乾杯「武井咲鹿児島県屋久島町」(後)	3.9	3.5	4.3	4.5
平均			3.5	3.6	3.6	4.2

ある(3.8)」が高く評価されています．［娯楽］は「楽しい(4.1)」「リラックスする(3.7)」が高く評価されています．［倫理］は，すべての項目が3.7〜4.6で評価されており，高く評価されています．教養バラエティ同様に低い評価は見られません．

　情報バラエティは，普段視聴者が知ることのできない情報を提供してくれます．その情報は食品工場の裏側や町の名所など，知らなくても普段の生活では困らないような情報が多いです．しかし，そこには身近だからこそ知らなかった驚きや親しみが溢れています．それらの情報とバラエティの要素が相まって，高く評価されているのだと思います．

(4) 課題克服バラエティ

課題克服バラエティは，出演者が与えられた課題に挑戦していく姿を映していくというのが特徴です．評価について図表6-7を見ると，全体の平均は［倫理］と［娯楽］が高く評価されており，［品質］［実用］も3.0を超える評価となっています．

4軸の評価を細かく見ると，［品質］については「独創性がある(4.1)」が高く評価されており，「品が良い(2.8)」が他と比べると低いものの，他の［品質］も3.0に近い数値で評価されています．しかし，番組によって「品が良い」の評価が大きく異なり，『ザ！鉄腕！DASH!!』は4.3と高いですが，『世界の果てまでイッテQ！(2010年10月31日)』が2.2，『お試しかっ！2時間SP』は2.3と，同じカテゴリー内でも評価が大きく異なっています．［実用］は，「話題性がある(3.6)」が高く評価されていますが，［実用］においても評価が大きく異なる項目があり，「教養が身につく」が『ザ！鉄腕！DASH!!』では4.3なのに対し，『世界の果てまでイッテQ！(2010年10月31日)』は2.3，『お試しかっ！2時間SP』は1.7と低く評価されています．［娯楽］は「楽しい(4.3)」や「リラックスする(3.9)」が高く，［娯楽］項目の平均では低い評価は見られません．しかし，『お試しかっ！2時間SP』の「感動する(1.7)」は，他の2番組とは大きく異なっています．［倫理］は，すべての項目で4.0を超えており，高く評価されています．

課題克服バラエティでは，同じカテゴリーにもかかわらず，番組により評価が異なる項目がありました．この要因は，お笑い要素の強弱にあると考えられ

図表6-7　課題克服バラエティ評価一覧

放送日	放送局	番組名	品質	実用	娯楽	倫理
2010年2月28日	日本テレビ系	世界の果てまでイッテQ！	3.1	2.9	3.7	4.3
2010年10月31日	日本テレビ系	ザ！鉄腕！DASH!!	4.2	4.0	4.3	4.9
	日本テレビ系	世界の果てまでイッテQ！	3.2	2.9	3.5	4.0
2011年10月31日	テレビ朝日系	お試しかっ！2時間SP	3.2	3.1	3.4	4.0
平均			3.4	3.2	3.7	4.3

ます．『ザ！鉄腕！DASH!!』の出演者は人気グループTOKIOですが，『世界の果てまでイッテQ！』と『お試しかっ！』ではお笑い芸人が主役です．普段は人を笑わせることを本業にしている彼ら／彼女らが，必死に挑戦していてもその挑戦がお笑いの一つと捉えられてしまい，このことが番組の評価を低くしているのではないでしょうか．

(5) 多コーナー型バラエティ

　多コーナー型バラエティは，番組内でさまざまなコーナーが用意されており，それによって構成されている番組が含まれます．コーナーが多いため，毎回違った内容が楽しめるというのは，トークバラエティと似ているかもしれません．評価について図表6-8を見ると，全体の平均は［倫理］が高く評価されていますが，他の軸は平均的な評価がされています．

　4軸の評価を細かく見ると，［品質］は「分かりやすい(4.2)」が高く評価されていますが，「品が良い(2.5)」が他の項目に比べると低く評価されています．

図表6-8　多コーナー型バラエティ評価一覧

放送日	放送局	番組名	品質	実用	娯楽	倫理
2009年10月31日	TBS系	チューボーですよ！	3.2	3.4	4.0	4.9
	フジテレビ系	めちゃ×2イケてるッ！	3.1	2.3	3.4	3.4
2010年4月30日	TBS系	中居正広の金曜日のスマたちへ	3.2	3.3	3.5	4.3
2010年8月31日	TBS系	紳助社長のプロデュース大作戦！	1.6	1.6	1.9	3.1
	TBS系	リンカーン	3.2	2.4	3.3	4.2
2010年10月31日	日本テレビ系	ダウンタウンのガキの使いやあらへんで!!	3.4	2.3	3.2	3.6
2011年2月28日	フジテレビ系	SMAP × SMAP	3.4	3.0	3.6	4.2
2011年8月31日	テレビ東京系	やりすぎコージー都市伝説スペシャル	2.9	3.3	3.1	3.1
2011年10月31日	フジテレビ系	SMAP × SMAP	3.5	3.1	3.5	4.1
平均			3.1	2.8	3.3	3.9

[実用]は,「教養が身につく (2.4)」が低く,他の項目も「話題性がある (3.4)」を除けば3.0前後の評価となっています.[娯楽]は,「楽しい (4.1)」が高く評価されていますが,「感動できる (2.4)」は,低く評価されています.[倫理]は4.0前後と平均的な評価がされています.

多コーナー型バラエティには,お笑い芸人がさまざまな企画を広げていく番組が多く含まれます.その企画にはBPOの報告書であげられている"下ネタ""イジメや差別""内輪話や仲間内のバカ騒ぎ"に該当する内容が多く見られます.このことは評価にも現れており,「品が良い」の低い番組 (3.0以下) が評価された多コーナー型バラエティの6.0%以上であったり,[倫理]項目が他のカテゴリーと比べて低かったりしています.トークバラエティ同様,「バラエティ番組」がお笑いに走るのは仕方がないことだとは思いますが,一定の品は保ってほしいと思います.

(6) ドキュメンタリー型バラエティ

ドキュメンタリー型バラエティは,ドキュメンタリー番組のような形式で撮られた映像とスタジオの出演者によるコメントなどを組み合わせた番組が含まれます.楽しい映像の中にも感動できる場面が含まれる構成になっている番組が多く見られます.評価について図表6-9を見ると,全体の平均は[倫理]が高く,他の3軸は同じくらいの数値で評価されています.

図表6-9 ドキュメンタリー型バラエティ一覧

放送日	放送局	番組名	品質	実用	娯楽	倫理
2009年10月31日	日本テレビ系	天才!志村どうぶつ園	3.2	3.2	3.5	4.0
2010年2月28日	テレビ朝日系	大改造!!劇的ビフォーアフター	3.6	3.2	3.8	4.8
2010年4月30日	TBS系	ぴったんこカン・カン	3.4	3.1	3.8	4.4
2010年10月31日	テレビ朝日系	大改造!!劇的ビフォーアフター	3.9	3.2	3.8	4.5
	テレビ東京系	日曜ビッグバラエティ 完成!ドリームハウスSP	3.2	3.2	3.2	4.2
2012年4月30日	テレビ東京系	完成!ドリームハウス	3.5	3.8	3.6	4.7
平均			3.5	3.3	3.6	4.4

4軸の評価を細かく見ると，［品質］は「分かりやすい(4.1)」や「独創性がある(3.7)」が高く評価されています．［実用］は，新4軸においては3.0前後の評価がされています．［娯楽］は「楽しい(4.2)」や「リラックスする(3.7)」「共感できる(3.7)」が高く評価されています．［倫理］は，3.9〜4.7と高く評価されています．

ドキュメンタリー型バラエティは，トークバラエティや多コーナー型バラエティのように面白いことをして笑わせようとする演出は少なく，映像自体を楽しむように構成されています．そこには，変に凝った演出などはなく，安心した娯楽があるのだと思います．だからこそ，低い評価がつくことなく，共感が高くなっているのではないでしょうか．

3　「バラエティ番組」通信簿のまとめ

最後にまとめとして，トーク，教養，情報，多コーナー型と演芸バラエティの評価の平均をまとめた，図表6-10について見ていきます．

この図表を見るとわかるように，第2節で"見せたい"番組とされていたカ

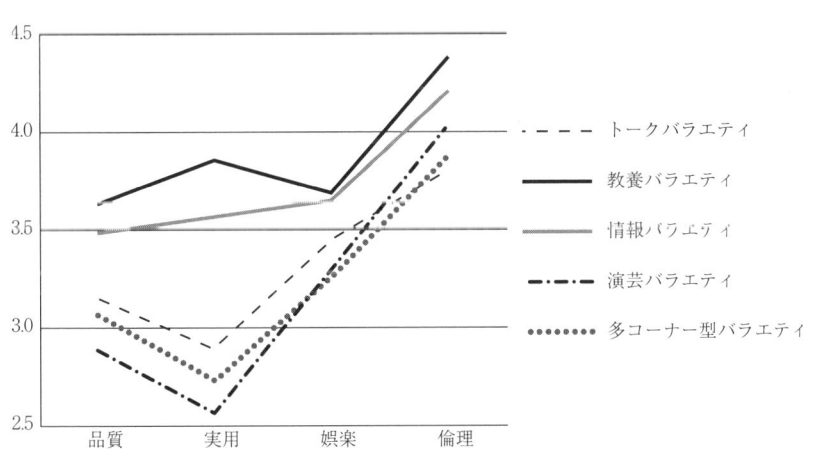

図表6-10　各カテゴリーの4軸評価一覧

テゴリー（図表中は実線で表記）は，Quae での評価も高く，また，"見せたくない"番組のカテゴリー（図表中は点線で表記）に比べて，［実用］が高く評価されている傾向が見られます．"見せたい"とされる番組には，［実用］があると感じられることが必要なようです．

一方の"見せたくない"とされたカテゴリーの，トークや演芸，多コーナー型は，全体で見ると評価が低く見えますが，第3節で見たように，細かく見ると［娯楽］や［実用］において高く評価されている項目もありました．しかし，これだけでは，第2節における疑問を解消する答えが見えてきません．そこで，番組への意見として寄せられたコメントを見ていきます．

以下のコメントは，2010年の大晦日に放送された『ダウンタウンのガキの使いやあらへんで!! 大晦日SP!!』へのコメントです．

・「この番組は確実に高い評価にはならないと思う．だが，面白い．やっていることは本当にばかげているし，教養もないし，下品であるが，そのマイナスを覆す笑いがある」（男　19歳）
・「出演者はかなり多く，仕掛けや演出も普通の番組ではできない費用がかかっているようにみえました．多少暴力的であったりして教養に悪いものではありますが，バラエティ番組なので許容範囲内だとおもいました．のんびりとした大晦日を過ごすには良いものだったはずです」（男　19歳）
・「娯楽性のみで見ました．リラックスするにはいいかと」（男　52歳）
・「内容はくだらなさすぎるが，くだらなさを追求する徹底した姿勢に共感をおぼえる．ゲストたちもそうなのでは？」（女　57歳）

これらのコメントのように，「くだらない」「教養がない」と思っていながらも，「面白い」「共感を覚える」と感じて，番組を視聴している傾向が見られます．

この「くだらないけど，楽しい」ということがあるからこそ，番組は続いているのかもしれません．確かに，過度なくだらなさは，暴力やいじめを助長する可能性を秘めています．しかし，このような番組があるからこそ，その行い

が悪いと気付くこともあると思います．何事もバランスが大切であり，そのバランスを取るためにも，くだらない番組が一定数必要なのかもしれません．

　ここまでQuaeの評価から，さまざまな「バラエティ番組」を見てきました．どのカテゴリーでも，「楽しい」や「リラックスする」が高く評価されており，「バラエティ番組」に求められている役割を果たしていると言えます．
　しかし，品質の面では低く評価されていることを忘れてはなりません．教養・情報・ドキュメンタリー型を除いたカテゴリーでは，「品が良い」の評価は3.0以下となっています．確かにくだらない番組は必要だと思います．しかし，それが毎日のように放送されるのは肯定できません．クイズで間違えた人を馬鹿にする笑い声，女性に対する差別的な発言，過度なふざけ合いによる暴力．「バラエティ番組」で日常化し過ぎているこれらの表現について，制作者は考えていくべきだと思います．
　ただし，BPOの報告書でも指摘されているように，厳格な規制をすることは良策ではありません．現在の良策としては，視聴者からの質的な評価を継続し，それを制作者側は真摯に受け止めていくことだと思います．
　今後も「バラエティ番組」は増えていくでしょう．教養や情報バラエティが成功したように，新たなカテゴリーが増えていくかもしれません．視聴者が見たい「バラエティ番組」が増えていくことを期待します．

（藤井　達也）

注）
1) BPOとは，放送における言論・表現の自由を確保しつつ，視聴者の基本的人権を擁護するため，放送への苦情や放送倫理の問題に対応する，非営利，非政府の機関（BPOホームページより）．
2) 『ロンドンハーツ』は，2004年度調査以来，毎年1位となっています．
3) 大晦日の番組は，第5章で述べているため除外しています．また，音楽，演芸，映像，対決，特番型は番組の評価数が少ないため各項ではまとめていません．

引用・参考文献・Web サイト
鹿島我，2011，「テレビ番組におけるバラエティ番組の位置づけ」『京都光華女子大学短期大学部研究紀要』49：69-80
総務省，2011，「放送法」総務省法令データ提供システム
　（2012 年 10 月 15 日取得，http://law.e-gov.go.jp/htmldata/S25/S25HO132.html）
日本放送協会，2009，「日本放送協会番組基準」日本放送協会ホームページ，（2012 年 10 月 15 日取得，http://www.nhk.or.jp/pr/keiei/kijun/index.htm）
日本民間放送連盟，2009，「日本民間放送連盟放送基準」日本民間放送連盟ホームページ
　（2012 年 6 月 28 日取得，
　http://www.j-ba.or.jp/index.php?%CA%FC%C1%F7%CE%D1%CD%FD）
日本 PTA 全国協議会，2008-12，「子どもとメディアに関する意識調査」PTA ホームページ
　（2012 年 10 月 29 日取得，http://www.nippon-pta.or.jp/material/index.html）
放送倫理・番組向上機構，2009，「最近のテレビ・バラエティー番組に関する意見」BPO ホームページ
　（2012 年 10 月 24 日取得，http://www.bpo.gr.jp/kensyo/decision/001-010/007_variety.pdf）．
放送倫理・番組向上機構，2013，「説明と組織図」BPO ホームページ
　（2013 年 1 月 17 日取得，http://www.bpo.gr.jp/?page_id=912）

〈コラム1〉 「韓流ドラマ」と呼ばれる文化コンテンツ

　私は「韓流」「日流」「華流」ということばが飛び交う時代を生きることを楽しんでいます．香港映画や中国映画に夢中だった10代，日本に留学して「日流」を思い切り楽しんだ20代，…今は「韓流」ドラマに浸っています．

　NHKとKBSが20歳以上の男女を対象にした2010年合同の世論調査（『放送研究と調査』2010年11月号）で，「相手国の大衆文化への接触」は，ドラマ部門で日本人48％，韓国人15％，映画部門では日本人29％，韓国人26％，歌謡曲部門は日本人15％，韓国人11％，アニメ・マンガ・ゲーム部門は日本人が各部門で1％程度，韓国人はそれぞれ29％，19％，13％が接していることが分かります．日本人はどの年代層においても一定の接触者がいますが，韓国人は20～40代が多いようです．

　誌面上，他部門は割愛して「韓流ドラマ」について簡略に述べていきます．2011年8月7日「もっと日本のドラマをみたい」「フジは売国奴」だと東京のお台場にあるフジテレビ周辺を取り巻いた「反韓流デモ」がありました．「反韓流デモは視聴率に影響したのか．ビデオリサーチの調査によると，8月5日から25日までのフジテレビの韓流ドラマの視聴率はデモの影響をほとんど受けていない」（『放送レポート』233号）ようです．日本のテレビに「韓流番組なぜ増えたか？」（『朝日新聞』2011年9月20日），なぜ「韓国ドラマゴールデンに」（『読売新聞』2010年2月23日）放送されるかについてですが，その理由はこの不景気のなか，自局で制作するよりコストが安く済むうえ，韓国ドラマはある程度の視聴率が取れるし，日本の旧作ドラマに比べて著作権処理が容易だからだと言われています．これで業界の事情は分かりましたが，視聴者はどうして「韓ドラ」を見ているのでしょうか．その理由は視聴後の満足率と視聴理由を見ると分かります．韓流の火付け役となった『冬のソナタ』以後，視聴者に「韓ドラ」はどのように評価されているのでしょうか．

　NHKと民放の6月の19時以後の全「番組総合調査」（『放送研究と調査』2008～2012年）の結果をみると，視聴後の「満足率」と「視聴理由」の項目で「上位10番組」に入った韓国ドラマがいくつかあります．『オールイン運命の愛（2005）』（満足率65.5％，9位），『宮廷女官チャングムの誓い（2006）』（満足率80.8％，1位），『太王四神記（2008）』（満足率70.6％，6位），「視聴理由」は「見ごたえがある（37.6％，5位）」「わくわく・ドキドキする（37.6％，3位）」から，『春のワルツ（2007）』は「満足率」の順位に入らなかったのですが，「視聴理由」は「わくわく・ドキドキする（47.6％，2位）」からとしています．『イ・サン（2011）』（満足率77.1％，3位）は，「感動できる・心に残る（52.7％，5位）」から見ていると答えています．

　「韓ドラ」は日本の中高年層の女性に純愛，家族愛，美しいセリフや背景・音楽，俳優の魅力などが，古き良き日本への時代的なノスタルジアを感じさせながら人気を集めてきました．73歳のAKさんはインタビューの中で，夢中になっていた『君の名は』という日本のラジオドラマに，『冬のソナタ』が似ているような感覚をおぼえ，

演出家の大山勝美さんは，その後「韓ドラ」にハマったと言っています．「韓ドラ」をみるために，ものすごく勉強しなくてもいいし，主人公が危険に陥っても絶対助かるという安心感のもとで，主人公を応援し自分の夢が達成されていくような気分を味わえると言います．夫からは「好きなものにハマって楽しくやってくれ」と言われて最近韓国語を再び始めようかなと考え中だそうです．

近年このような韓国ドラマのテーマに異変が起きたというか，多様化してきていると思います．メロドラマからラブコメディードラマへ，『幽霊 (2012)』『会いたい (2012)』『ドラマの帝王 (2012)』のような社会性や時事性あるドラマへ，『屋根裏部屋皇太子 (2012)』『信義 (2012)』のような時空間を超えて行き来するフュージョン (fusion) 時代劇ドラマへと一つの流れを作りながら多様化しています．

また，国内外からの投資や支援により，『アイリス (2009～2013)』のようにスケールが大きくパワフルなスパイアクションドラマ，『追跡者 (2012)』のようにまるでハリウッド映画を見るようなスピード感あるストーリー展開，『ヴァンパイア検事Ⅰ・Ⅱ (2011～2012)』のようなホラーアクションドラマもマニア層をなしています．『アイリスⅠ・Ⅱ』では笛木優子（韓国名：ユミン），『ヴァンパイア検事Ⅱ』で吉高由里子，『ドラマの帝王』で藤井美菜が評判を得ながら活躍しています．

日韓共同制作ドラマについて，「日韓共同制作のスペシャルドラマで素材から脚本，主役の決定にいたるまで難航して…，放送するまで3年を要した」（『月刊民放』2008年11月号）と語っています．現場での意思疎通問題以上に，主導権の問題が浮き彫りにされたようです．映像制作会社アジア・コンテンツ・センター（ACC）は2011年7月に日韓メディア関連企業と韓国政府系投資会社などが共同出資してドラマ制作を支援する"日韓共同ドラマファンド"を設立し，日韓共同制作ドラマの一つ『赤と黒』が現在 NHK 総合で人気を集めながら放送されています．

法務省入国管理局の2011年末における外国人登録者は2,078,508人であり，それは日本の総人口の1.63％（総務省統計局2011年1月1日基準）を占めています．そのうち東京や埼玉，千葉，神奈川に約40％が居住しており，そのなかでも東京には最も多く5人に1人が生活しています．国際結婚や外国人を父母にもつ子どもが珍しくない中，彼らを視聴者の一人として配慮した多文化共生社会を反映するテレビ番組があっても面白いかもしれません．本研究会は視聴者によるテレビ番組評価を実施していますが，コメントの一部では日本のテレビ番組のマンネリ化や個性のない似通った番組が多いという声もあります．

日韓共同制作ドラマもその一つですが，視聴者がもつ多様性を意識した文化コンテンツが作られることを強く望みます．そうすることによって日本国内に居住している外国人に日本のテレビにより親しまれるチャンスが生まれるでしょう．今度は日本発信の多文化コンテンツの「○○流」が生まれることを期待しています．

（黄　允一）

第7章 「スポーツ番組」の通信簿

0 はじめに

　テレビ放送において，スポーツ番組はもっとも魅力的なコンテンツの一つ，と言うことができるでしょう．ビデオリサーチ社が公表している「全局高世帯視聴率番組」では，1962年の視聴率調査開始以降の高視聴率番組ベスト10のうち，七つがオリンピックやサッカーなどのスポーツ中継番組で占められています．

　かねてから，Quaeの番組評価の手法ではスポーツの中継番組を評価するのが難しい，という意見がしばしば寄せられていました．2012年2月末の調査では，TBS系で『ザック＆なでしこW代表戦連続生中継！』として，男子・女子のサッカーの中継番組が長時間放送されました．そこで，この調査では番組ごとの評価に加えて，スポーツ番組をどのように評価したらいいのか，参加者に自由記述で意見を書いてもらう欄を設けてみました．

1 「自然に見える」をうまく評価できるか

　この時いただいた意見は正にさまざまで，私たち研究会としては，スポーツ番組を評価するという課題が一筋縄ではいかないことを改めて思い知らされました．「スポーツ中継は特殊なものではない．（評価の手法は）いままでと変わらずで問題ないと思います」（男　71歳）という意見がある一方，「生中継が基本であるスポーツ番組と，丁寧に編集が施されたドラマなどを同じ土俵で評価するのは適切でない気がする」（女　21歳）という意見もあり，また「スポーツ中

継に欠かせない実況や解説の質的評価はとても重要だと考えます」(男 19歳)という意見がある一方,「スポーツ番組はどう評価してよいのかわからず評価を避けてしまっています」(女 75歳)という意見もあり…いずれのご意見もうなずかされるところでした. Quae 研究会としては,調査を複雑にしないために番組ジャンルごとに評価項目を変えない,ということを一つの柱としていますが,今夏はロンドンオリンピックが開催されることもあり,「オリンピックなどの場合,スポーツ専用の評価項目で採点するのはどうか」(男 71歳)という意見なども踏まえて,特別にオリンピック番組向けの評価項目を設定してみることにしました. これについては後述します.

スポーツ番組は,「どうしても勝敗の結果によって,その番組自体の評価になってしまう」(男 64歳)という意見にもあるとおり,もともと番組としての評価が困難な要素が強い部分がありますが,さらにスポーツ番組の特徴として「一般の視聴者にストレスなく視聴してもらうために,見えないところで高度な番組制作技術を用いている」という点が挙げられます. たとえば,少し長い引用になって恐縮ですが,以下のようなことです.

〈砲丸投は,いつもなら3～4台(のテレビカメラ=引用者補足)を充てるのが精いっぱいだが,世界陸上では予選2組に9台を使用していた. 多彩な絵をどう1つの映像にまとめるか. 基本的には,全身を撮った絵で投てきを紹介する. 投てき終了後はスローで上半身のアップを出す. もう一度スローで,今度は表情のアップを出す. 記録が発表され,EPSON の記録計測&表示システムと連動したスーパー(文字データ)が画面に載る. そのときはライブ映像が望ましい. 記録を知った選手の表情やリアクションを追うのだ. そこで時間があれば,さらに別アングルのスローを出すこともできる.
だが,その間にも次の選手がサークルで投げる準備を進めている. スローを出したり,リアクションを追ったりすることに時間を費やしすぎ

と，次の選手はもう投げる構えに入っているかもしれないのだ．そうなったら，顔もよく見せられないうちに実際の投てきとなってしまう．特に有力選手の場合，サークルに入るところから丁寧に追うことが，映像にストーリー性を持たせるコツだ．注意すべき点だと事前に話し合っていた〉

　これは，国際オリンピック委員会（IOC）の「グランドプライズ」を受賞した「世界陸上 2007」の国際映像制作を担当した TBS のチームが自ら執筆した書籍の一部です．陸上競技の砲丸投げをテレビで中継する際に，選手の表情や，会場の雰囲気，実際の投てきのようす，そしてもちろん競技の記録といった要素を，一連の動きの中でよどみなく，物語性を持たせながら生中継で放送するために，以上のようなことを事前に考え，そのためにどういうカメラがどの位置にどれだけ必要なのか，スロー再生はどのタイミングで行うのか，といったことを，スタッフは入念に準備しているのです．

　これは大掛かりな取材態勢による特殊な事例かもしれませんが，日常的にもスポーツ中継には高度な技術が求められる場合が少なくありません．たとえば野球中継では，スタンドに飛んでいったホームランボールの行方をちゃんとテレビカメラで捉えるためには，ファインダーを覗きながらボールを追うのでは遅れをとってしまうので，打球音を聞いてボールが飛んでいく方角を予測し，そちらに向けて反射的に体ごとカメラを振る，といったカメラマンとしての職人芸が必要になります．またゴルフ中継では，ティーショットの際の豪快な打球音や，ボールがカップインするときの「コロン」という音を，選手のプレーの障害にならないような位置からでもしっかり録音することができるための機材と技術が求められます．

　こういうことがちゃんとできているかどうかということは，本来なら番組評価の重要な要素となっていいはずですが，番組を視聴している立場としては，それがストレスなくごく自然に見えてしまうがゆえに，そういったポイントに着目することは非常に困難です．「番組上はごく自然に見えるけど実はものすごい努力の結晶だ」ということは，スポーツ番組以外でもしばしばあることで

すが，こうした点を Quae 調査でうまく汲み上げることができるようになれば，番組制作者側ともっと実りあるコミュニケーションが成り立つのではないか，と考えています．

2 オリンピックを評価する

2012年は，7月末から8月にかけて「ロンドンオリンピック」が開催されました．いつものオリンピック同様に，大きな盛り上がりを見せた19日間でした．そんな中，日本は過去最高のメダル数（38個）を記録，銀座で行われた凱旋パレードには50万人の人が集まるなど，多くの人々が関心を寄せていました．

今回 Quae では，このオリンピック中継にあわせて特別版の番組評価を行うこととなりました．その際，これまで前述のように指摘されていた「評価項目がスポーツ中継に適さない」という点を考慮し，質問項目をスポーツ中継用に変更してみました．四つの評価軸［品質］［実用］［娯楽］［倫理］はそのままに，項目を以下のように，スポーツ中継に適した形にしたものです．

【品　質】
(1) 番組構成が適切である　(2) 演出（特殊効果など）が良い　(3) 映像技術や音声技術が良い　(4) 画面が見やすい　(5) 解説者やゲストの人選が的確である

【実　用】
(6) 見ごたえがある　(7) 競技内容やプレイの意味がよくわかる　(8) アナウンスや解説が分かりやすい　(9) 話題性がある　(10) 選手の出身国の背景がわかる

【娯　楽】
(11) 夢中になる　(12) 臨場感がある　(13) 感動できる　(14) みんなで盛り上がれる　(15) 競技やチーム，選手が好き

【倫 理】
(16) 特定のチームや選手の取り上げ方に偏りがある　(17) 良識に反する　(18) 敵対心を煽る　(19) 差別的表現がある　(20) ナショナリズムが過剰である

　他にも，評価期間を3日間に増やし，対象番組にBS放送を含めるなど新しい試みを加えました．対象とした8月3日（金）〜5日（日）は，柔道やサッカー，卓球，女子マラソンなどの注目競技が集中している期間でした．なお，対象期間を3日間に限定したのは，サイトの構造による物理的な制約によるもので，オリンピック期間すべてを評価の対象にできればさらによかったのですが，現状では技術的に困難な状況です．
　この3日間で集まった回答は91件と，通常調査と同じくらいの件数に留まりました．年代は60代の27％を中心に，高齢層が多いという結果です．夏休みのせいか，若年層の参加が通常調査よりも少なかったのが，大いに悔やまれます．職業別では主婦がいちばん多く30％，次いで会社員19％と，通常調査ではなかなか集まりにくい会社員層の評価が多かったのは喜ばしいことでした．オリンピックそのものが注目されていることとともに，深夜の中継が多かったということが，通常の番組評価に参加しにくかった方々の参加を促したのではないかと思われます．
　また自由に記入していただくコメントとして，対象番組のほかに，オリンピック全体についてと，対象期間以外のオリンピック番組についてのコメントを求めました．その結果，オリンピック全体については22件，対象期間以外の番組については14件のコメントを得ることができました．

(1) サッカー

　この3日間は，女子・男子サッカーの準々決勝が連日続き，しかも対戦日が週末となって，サッカーファンはもちろんのこと，日本全土を熱く盛り上げたようでした．これらのサッカー番組を評価した回答は，女子・男子戦合わせて

24件．この件数は，今回調査ではどの競技の回答件数よりも高いものでした．

8月4日（土）に行われた『サッカー女子準々決勝「日本×ブラジル」』戦の回答者は合計15人（女 9人，男 6人）．この番組は，NHK総合で時間帯を異にして2回放送されました．深夜0時30分から放送された生放送番組を見て評価してくれた回答者は，男女比率が同じで合計10人でした．その回答者の年齢層は50代以上で，採点した結果を見ると，［品質］3.7，［実用］4.0，［娯楽］4.2，［倫理］3.9です．2回目の放送の午前8時45分からの番組を評価してくれた方は男性1人，女性4人で合計5人でした．回答者らの年齢層は40代と60代です．採点評価は，［品質］4.4，［実用］4.6，［娯楽］4.8，［倫理］4.0で，全体的に前回を上回っています．

1回目・2回目の回答者に共通して見られるのは，［娯楽］性が最も評価されたことです．［娯楽］要素を詳しく見ると，「(11)夢中になる」「(12)臨場感がある」「(13)感動できる」「(14)みんなで盛り上がれる」「(15)競技やチーム，選手が好き」であり，全項目において4ポイント以上を獲得しています．しかし，競技そのものへの評価はよかったものの，それを伝えるアナウンサーについては厳しい評価がされていました．コメントには，「…選手がメダルにこだわるのは分かるけど，アナウンサーはもっと冷静であるべきだ」（男 72歳），「…ロンドンはもう知っていると思っているのか，あまり，紹介さえされていない．…また，活躍する日本以外の選手情報があまりにも乏しかった…背景取材をしてほしい」（女 69歳）などと指摘されています．

一方，『サッカー男子準々決勝「日本×エジプト」戦』(8月5日)の回答者は合計9人でした．内訳は男性6人，女性3人で，年齢層は10代から70代以上にわたっていました．

この競技は，放送局を異にして2回放送されました．NHK総合の朝10時05分からの放送を見て1人の回答者が採点した結果は，［品質］3.4，［実用］3.8，［娯楽］3.6，［倫理］3.6です．日本テレビ系列の午後7時10分からの放送を見て8人が採点した結果は，［品質］3.2，［実用］3.8，［娯楽］4.2，［倫理］3.6です．［娯楽］では全項目において4ポイント以上を獲得していて，競技内容

は同一であることを考えると，民放の番組では娯楽性を高めるような何かの工夫が利いていたことが想定されます．

　ここでも競技内容については，「夢中で見てしまい，特に構成等に気を配る暇も無いくらいだ．」(女　75歳)と評価している一方，「民放はどこも不要な芸能タレントを出すのはそろそろやめたらどうか？　スポーツのような真剣勝負のドキュメンタリーが台無しになる．画面がインチキくさく，グロテスクになるだけだ．…」(男　46歳)などと，女子サッカーと同様の厳しい指摘が見られました．

　今回の女子サッカーと男子サッカーを比較して見ると，いくつかの相違点が見られます．女子サッカーは，特に50代以上の女性たちの関心を集めていて，4軸評価において全般的に高い評価を受けています．女子サッカーについては「…これは男女差別の著しいスポーツ界が，少しでも変わってきている証拠で，そのようにオリンピック委員会も努力したのではないか．…」(女　69歳)というコメントがありますが，これはこの年齢層のジェンダー意識を示しているのかもしれません．一方，男子サッカーは，幅広い年齢層の男性たちがより評価し支持していたようです．

　女子・男子サッカーの共通点は，サッカーの[娯楽]性が高く評価されたところです．そして，もう一つはサッカー競技を伝えるアナウンサーやキャスター，リポーターについての厳しい指摘です．スポーツ報道について，外国ではスポーツ専門家による解説やコメントなどが主流であるのに対して，日本では必ずしもそうでないからでしょう．ある回答者は「各局のキャスター，リポーターについて．[好感持てた者]NHK：工藤三郎，鈴木奈緒子，山岸舞彩，テレビ朝日：吉野真治，宮嶋泰子，松岡修造(ちょっと熱いが)，宮嶋アナ(あの年代の女子アナは他局では考えられない．長年の豊富な体験はさすが)．フジテレビ：舞の海(意外性があり，的確なコメントで好感度あり)．[嫌味だった者]TBS：みのもんた(通常から嫌いだが，あのノリは嫌味の極み)，中居正広．フジテレビ：小倉智昭(あの知ったかぶりが鼻につく)」(男　72歳)と，辛口でコメントしています．

(2) 女子マラソン

　『女子マラソン』（フジテレビ系列）はシドニー，アテネと2回のオリンピック連続で日本選手が金メダルに輝いた実績がある上に，今回の競技は日曜（5日）の夜7時からの生中継という絶好の放送時間でしたから，視聴者の関心も高かったようです．3日間の調査対象番組の中で『女子マラソン』への回答数は8件，『女子サッカー準々決勝』の15件に次いで2番目に多い数字でした．ところが，採点結果の数値は［品質］2.6，［実用］2.3，［娯楽］2.3，［倫理］3.2と，いずれも極めて低いものでした．今回の調査対象番組の中でも非常に低い評価で，これまでの調査でもあまり見たことのないほど低い数値でした．

　上記の四つの評価軸の数字は，それぞれ五つの評価項目について回答者が採点した得点の平均値です．そこで，たとえば［実用］2.3の内容はどのような評価の平均値なのか，詳しく見てみます．評価項目の「(7) 競技内容やプレイの意味がよくわかる」を見ると「1-あてはまらない」が3件もあります．「4-ややあてはまる」も2件ありますが，残りの3件が「2」と「3」です．最低の評価が3件もあることが全体の数値を下げ，［実用］2.3の平均値になっているのです．他の項目も同様で，最低評価「1」の回答が目立ったのは，20の評価項目全体に共通した傾向でした．

　男女の区別なく，日本のテレビ放送ではマラソンや駅伝は強力なコンテンツといわれてきました．それだけに，各テレビ局ともその中継に力を入れ，技術的にも演出的にも非常に優れた内容を誇っています．たぶん，日本のロードレース中継のレベルは，世界に誇れるものだと思われます．今回，ロンドンオリンピックのマラソン中継のレベルが低かったとは必ずしも言えませんが，日頃から馴染んでいる日本のマラソン中継の画面・音声とは，かなり異なったものだったことは事実でしょう．オリンピックのマラソンとしては，特異なコース設定やスタート・ゴールの状況，また順位や選手間の時間差が分かりにくい映像の切り替えなど，日本の視聴者にとっては違和感があったのかもしれません．番組の評価とは別だとしても，今回のマラソンコースについては批判的な意見が目立ちました．「…コースが狭くてランナーと観客が近すぎて狭い感じ

のみで…気になりました．ゴール後のラストランも感激が薄く，ゴール後の選手も面食らった感じで…ゴールの実感が感じられません…」(女 75歳)．こうしたことがマラソン中継全体の印象にとってマイナスに作用したようです．

　日本でのマラソン中継でも，民放の場合は途中にCMは入りますが，オリンピックとなると「とにかくCMの多さというか…スタートしてからゴールまで走り続けるマラソンは，途中でCMの入るような中継ではファンは納得しない…」(男 47歳)と厳しい意見になります．「最低のライブ放送．CM多すぎる．CMのタイミング悪すぎる．有森裕子の解説も稚拙．同時にNHKの放送がなかったので民放を見るしかなかった．残念」(男 60歳)など，日本選手の成績がもう一つだったためか，満足感や充実感が得られなかったようすが伝わってきます．

(3) フェンシング・その他の競技

　8月5日(日)午後7時30分からNHK総合で放送された『フェンシングの男子フルーレ団体戦』は，日本が決勝でイタリアに敗れたものの，銀メダルの好成績を収めました．競技が行われた時間帯が現地の早朝だったため，日本時間では日曜日のゴールデンタイムとなり，日本で多くの視聴者がテレビの生放送にくぎ付けになっただろうと思います．Quae調査には7件のエントリーがありました．

　とくに，準決勝の対ドイツ戦は，リードされていた日本の太田雄貴選手が残り1秒で追いつき，延長戦に持ち込んで逆転勝利するという，まさにドラマチックな展開となりました．ところが，Quae調査では「日ごろ目にする機会が少なく，丁寧なルールの説明でようやく応援する機会を持てたのはうれしかったです」(女 75歳)と評価するコメントもある一方で，評価の点数は［品質］3.5，［実用］3.5，［娯楽］3.8，［倫理］3.5と，全体的にそれほど高くありませんでした．

　フルーレという競技は「攻撃権」というルールがあり，先に剣先を相手に向けた選手に攻撃権が発生しますが，この剣先を相手の選手が払ったり，逃

げ切ったりすると攻撃権が消滅して，逆にもう一方の選手に攻撃権が発生する，というものです．つまり，試合中に攻撃権が瞬間的に何度も入れ替わり，そのなかで有効な打突を行った選手がポイントを得るという，素人にはちょっと分かりにくい競技です．こうした点について，番組では実況のアナウンサーと解説者がある程度は説明していましたが，今回の準決勝のように残り1秒の攻防，しかも相討ちのような双方の打突を審判がビデオ判定するといった微妙な展開の中では，十分な状況説明・解説ができていなかったと言わざるを得ません．それに，「奇跡の逆転劇」に実況・解説者が自ら興奮してしまったようで，これには「叫んでいるだけで，誰がやっても同じじゃないかと思ってしまった」（男　26歳）という手厳しいコメントもありました．

　競技の性格上，瞬時に勝敗が決まるので解説が追いつかないという困難さはあるでしょう．それだけに，ビデオのスロー再生などを駆使してじっくり解説して見せる場面がもっとあってもよかったのではないか，と思われます．

　このほか，この3日間には「体操女子」「卓球女子」「バドミントン」と，日本選手が活躍する競技が行われています．

　現地時間では8月2日の昼間，日本時間では8月3日深夜0時30分から，NHK総合で放送された『体操女子個人総合』には，日本選手の田中理恵，寺本明日香が出場したので，放送が深夜だったにもかかわらず5件の回答がありました．25歳から66歳まで，男女両方からの回答があり，いろいろな職業の人が評価に参加しています．評価の平均は，［品質］3.7，［実用］3.5，［娯楽］4.2，［倫理］4.3で，娯楽評価が高くなっています．体操競技は外国選手であろうと日本選手であろうと，見事な演技であれば楽しめるからでしょう．日本選手では，寺本が11位，田中が16位に終わっています．品質や実用が高くないのは，外国選手についての情報が少なく，そのため，日本選手の活躍がないと盛り上がりに欠ける放送になってしまったものとも思われます．

　8月3日にテレビ東京で放送された『卓球女子団体戦の一回戦』では石川佳純，福原愛，平野早矢香の"卓球三姉妹"が出場しました．4件の評価が入り

ましたが，いずれも 43～70 歳の女性です．5 件に満たないので Quae 基準からは正式の数値としては取り上げられないのですが，参考として平均値を示しますと，［品質］4.3,［実用］4.2,［娯楽］4.5,［倫理］3.9 で全体的には高評価です．しかし，倫理の中の「ナショナリズムが過剰」についての評価平均が 2.3 と低く，他の項目の足を引っ張っています．日本びいきが過ぎたためか，相手の中国選手に関する情報が少なかったのが原因のようです．この後，彼女らは 4 日に準々決勝，5 日に準決勝と進むのですが，残念ながら他の競技に押されてか，この日以降の評価はあまり入っていませんでした．コメントには，以下のようなものがありました．

「日本女子が初めて卓球で決勝に行けたのだけでも感慨無量．あとは，よい試合をしてほしいだけだった．全体としては中国の圧倒的な力には負けたものの，時にはゲームをとることもできて，闘いぶりは良かったと思う」(女　69 歳)

「解説者は，内容的にはよかったと思うが，『いいですよォ～』というような，自分が肯定することで支配している言い方が気にはなった．アナウンサーは，取材して選手や環境についての話題を時折はさんでいるのはよかった．ただ，相手の中国選手の情報に関しては，解説も実況もあまり触れておらず，中国卓球のすさまじい過去の練習と実績について，もっと触れた方がよかった」(女　62 歳)

また，現地時間 8 月 2 日，日本時間 3 日午前 1 時 45 分から TBS 系列で『男子シングルス準々決勝』『女子ダブルス準決勝第二試合』が行われました．日本選手が出場したため，4 件の評価が入りました．評価者は 49 歳から 70 歳までで全員女性です．［品質］4.2,［実用］4.2,［娯楽］4.5,［倫理］4.5 と好意的な評価です．このあと，8 月 4 日夜，女子ダブルス決勝戦にも藤井瑞希・垣岩令佳組が出場するのですが，他の競技の多い日だったせいか，あるいは決勝で中国に負けたのでがっかりしたせいか，評価があまり入りませんでした．

(4) 低い[倫理]評価の背景

今回のオリンピック放送について，全般的な評価の傾向を見てみます．前述

のように Quae 調査では，今回特別にオリンピック番組専用の「評価軸」を考案してみました．「解説者やゲストの人選が的確である」「競技内容やプレイの意味がよくわかる」「選手の出身国の背景がわかる」といった評価項目です．これに沿って見てみると，全体的に［倫理］評価の項目が通常の Quae 調査に比較してかなり低い傾向にある，という結果となりました．

今回の［倫理］の評価項目は「(16) 特定のチームや選手の取り上げ方に偏りがある」「(17) 良識に反する」「(18) 敵対心を煽る」「(19) 差別的表現がある」「(20) ナショナリズムが過剰である」の五つとしましたが，なかでも「特定の〜」は平均 3.1，「ナショナリズム〜」は平均 3.5 と，他の評価項目に比して格段に低い評価となっています．寄せられたコメントには「活躍する日本以外の選手情報があまりにも乏しかった」（女　69歳），「もう少し多様な競技の中継があってもいいと思う」（男　46歳）のように，今回のオリンピック放送があまりに日本中心に偏していないか，という疑問の声がいくつか見られました．

こうした傾向は，日本のスポーツ界が抱えている「メダル中心主義」「ナショナリズム強調」とも通底しているかもしれません．これらの問題に視聴者が敏感に反応したことが評価に表れた，とも言えるでしょう．「どのアナウンサーも（NHK，民放どちらも）メダル獲得にこだわりすぎている」（男　72歳），「視聴者をナショナリズムに陥らせないように気をつける批判的精神が必要なのだと思う」（女　72歳）といったコメントに，そうした反応が見られます．また，「日本が何番目に競技するか，出場するかなどを民放は意図的に隠して視聴率を上げようとしている気がします」（女　25歳）のように，番組制作手法の"あざとさ"を指摘するコメントも見られました．

オリンピックの放送について，「スポーツの感動や一体感を感じることができてとてもよいと思います」（男　18歳）という感想は，多くの視聴者が共有するところでしょう．しかし，これはスポーツ本来のもつ魅力そのもの，ということもできます．これに対して，「どのようにして競技生活を継続できたか，今後はその辺も取材してほしい」（女　64歳）など，"素材の魅力"に依存するだけではないスポーツ番組作りへの注文もあったことを，番組制作者の方々に

受け止めてほしいと思います．

3 「速報」ばかりでなく「演出過剰」でもなく

　今回のオリンピック特別調査は，私たち Quae 研究会としては専用の評価基準を開発する，という初の試みにチャレンジしたものですが，以上の結果を見るかぎりでは，まだまだ改善の余地がありそうです．本章の冒頭で提起したような，スポーツの魅力をそのまま伝えるようなうまい番組作りができているかどうか，といった点はなかなか評価のポイントになりにくいことが改めて分かったような気がしました．

　ただ，回答者の全体的な傾向を見ると，競技そのものへの興味もさることながら，日本人ばかりでなく外国人選手の背景などについての情報にも強い関心をもっているようで，そうした情報が番組の中であまり提供されないことに不満を訴えるコメントもいくつか見られました．もしかしたら，このような情報はデジタル放送の「データ放送」で補完されているものもあるのかもしれませんが，視聴者はスポーツの感動そのものに加えて，選手の人となりなどに関する情報を得たいという傾向が強い，と言えるでしょう．こうした点を充実させることが，単なる速報だけではないスポーツ番組の魅力につながっているように思われます．

　もう一つ見て取れるのは，スポーツ競技とはあまり関係ないと思われるタレント・芸能人が多数出演することへの違和感・嫌悪感です．民放局の場合，ゴールデンタイムの番組では 15％以上の視聴率を求める，という営業的な傾向が存在します．ところが，スポーツ番組は，オリンピックのような一大イベントの場合は別でしょうが，通常はせいぜい 10％そこそこの視聴率しか期待できない，と考えられています．近年の地上波放送におけるプロ野球中継の少なさ，そして試合が長引いても中継放送の延長をしないで試合中にばっさり切ってしまう，といった番組編成の実状から見ても，制作者側から見たスポーツ番組の魅力の低下は明らかでしょう．

そのようなスポーツ番組をゴールデンタイムに編成しようと考えたら，スポーツ番組ファン以外の「お客さん」を呼び込むような仕掛けを設けないと目標視聴率が達成できない，ということになります．そこで，人気タレントをスタジオゲストに呼んだり，ときには試合の始まる前に試合会場で前座のようなパフォーマンスを行ったりと，タレントの魅力に依存した番組作りに走ってしまうのです．

　これは，視聴率至上主義の弊害の一つと言えますが，こうしたスポーツ番組の作り方が，本当のスポーツ番組ファンからもそっぽを向かれてしまうような事態を招かないか，危機感を覚えるところではないでしょうか．

（岩崎　貞明）

参考文献
TBS世界陸上プロジェクトチーム編著 (2008)『65億のハートをつかめ！　スポーツ中継の真実—世界一の国際映像ができるまで』ベースボールマガジン社

第8章 「コメント欄」の通信簿
― Quae 回答者および大学授業受講者によるコメント評価

0　はじめに

　Quae 調査では，20項目からなる番組採点とは別に，自由記述欄を設け，回答者によるコメントを広く募集しています．この章では，一般視聴者から寄せられた意見を1節でご紹介します．さらに，2節では，授業を通して収集した大学生による意見を分析します．本章を通して，それぞれの視点の相違に触れながら，Quae 調査回答者の特性と番組評価の関係を探ります．

1　自由記述欄に寄せられた Quae 回答者によるコメント

　2009年10月から定期的に Quae 調査が開始され，一般視聴者から忌憚のないコメントをいただいています．コメントを寄せてくださる方は，回答者全体の3分の1から，多いときには半数近くに上ります．年代も10代から80代と，幅広い年齢層の方が，自由意思で積極的にご意見を記入してくれています．定例コメントは，調査実施時に定期的に募集を行っており，「採点した番組に対する意見」とともに「テレビ全般に関する意見」が中心です．
　このようなコメント募集という取り組みは，数値による番組採点だけでは表現し尽くせない視聴者からの思いを引き出すことに成功し，それを公の場で一般視聴者の意見として周知させる役割を果たしています．寄せられたコメントの中にはテレビ放送の核心をついていると思われるものも多く見受けられます．
　コメント全体を概観すると，比較的辛口なものが多くなっているようです．それは，見返りを求めず自らの自由意思でテレビ批評をする行為者という点で，

テレビ文化を憂慮する人が多いからなのでしょう．逆を言えば，大方において，テレビ文化の発展を願う思いが根底にあるからということが言えるでしょう．現に，制作者を激励するコメントも少なくありません．

(1) 最近のテレビに対する印象…三つの視点

　では，定例コメントを中心に最近のテレビに対する印象について見てみましょう．まず，ご紹介するのは，社会人1年生の声です．「学生の時は，暇つぶしでいくらでもテレビを見ることができたが，社会人になってから，テレビを見る時間も少なくなった．だからかもしれないけど，テレビを観ることが今はとても楽しみであり，実際番組自体も楽しく感じる」（女　22歳）というように，限られた余暇時間の中でテレビ視聴を選択し，番組を楽しんでいる様子が窺えます．一方で，視聴はしていても，「視聴者が本当に見たいという番組が少ない．作り手側の意識がちょっとずれている気すらする」（女　33歳）とのコメントにみるように，番組内容に対する印象は決して，よいものばかりではありません．それは，「無難な番組を流しているな」（女　23歳）と感じさせたり，「昔に比べて，内容が薄くつまらなくなった」（女　19歳）と思わせ，「出がらしのお茶を飲まされている気分になることが多い」（男　53歳）と表現され，ついには，「見たいと思う番組が少ないので視聴時間が減りました．番組内容の質の低下が気になります」（女　33歳）と言わしめています．

　このような批評がでる要因は，どのようなところにあるのでしょうか．次の三つの視点に分けることができます．

編成のジャンルの偏り

　一つ目は編成のジャンルの偏りで，たとえば，「笑い」を中心としたバラエティ番組の多さが指摘されます．「お笑い番組やクイズ番組がどのチャンネル，どの曜日でも流れていると思います」（女　23歳）という感想から，「民放は三流芸能人がたむろするバラエティとクイズ番組ばかり，見れば見るほど脳みそが溶けていくような気がする」（男　48歳）という手厳しい意見まであります．このようなジャンルの偏りは，人々の多様な視聴ニーズに対応することができ

ず，満足できない視聴者をBS局やCS局の番組に移動させたり，テレビ離れを促進させたりする原因となる場合が少なくないようです．さらに，「いろんな種類のバラエティ番組が出たと思いますが，面白い番組は限られると思います．最近は，面白かったり話題になったシーンはネット動画などでみれるので，昔に比べ，テレビに期待しなくなってます」(女 34歳) と，現在の多メディア状況下で，テレビ視聴そのものに固執しない視聴者の動向が示唆されます．

また，バラエティに偏るテレビ編成を憂慮した，考えさせられるコメントもあります．「テレビ番組の趣向は世代，性別に関係なく今の日本人の気質を反映しているのではないかと感じています．先日話をしたドイツ人の青年は，自分の国の原発，環境，人種問題についてきちんと自分の意見をもっており，20分は独演会が止まらない程でした．今の日本人に自分の国の位置づけを正確に理解し，それに対して意見をもっている人がどれほどいるでしょうか」(男 38歳) と，現在，日本を取り巻く厳しい環境に触れ，メディアの発信する情報内容に日本人のあり様が表れているのではないかとしています．

同一テーマの繰り返し

二つ目は，番組が取り上げるテーマの同一性です．「だれかが掘り起こしたテーマが注目され人気を得ると，追随する同様テーマの番組が増える」(男 69歳) というように，同じテーマの繰り返しはバラエティジャンルに限らず，その他の番組にも見られます．たとえば，ドラマでは，「似たような刑事，病院ものばかり」(男 59歳) で，内容についても「パターンが同じだから飽きる」(女 19歳) などの指摘があります．また，「ひとつ当たると，その後追い番組ばかりとなるのは，景気の悪さのせいか」(男 70歳) と，同じテーマの番組が増える原因を経済状況の影響で広告費が減少していることに起因していると分析しています．さらに，同じテーマとなる現象について，「商業放送の宿命とはいえ，旨いモノ・旅情報など，同一制作者(社)が出演者を替えて複数番組分を撮り溜めた，使いまわしを疑わせるような事例がしばしば．省庁が受託事業を関連団体に丸投げするような番組づくりをチェックできるよう，視聴者は目を肥やしたいものです」(男 69歳) と，番組作りに対する鋭い批評だけでな

く，番組を育てるという視点から，それを受け入れる視聴者に対する提言が見られます．

番組形式の類似性

三つ目は，お笑い芸人やタレントを多用した番組形式の類似性です．それは，「お笑い芸人をひな壇に登場させる形式の番組」（男　56歳）や「お笑い系のメンバーに占拠されてしまっている真面目なニュース番組」（男　76歳）などに表れています．確かに，政治をテーマにした番組でも，専門家ではないタレントが順番に登場して意見を述べたり，ワイワイ言い合う形式がとられたりするなど，形式の類似性が見受けられます．このような「番組のバラエティ化」について，「一つのトピックについて出演者が様々にコメントしているが，明らかに私情で物事を考えている発言や，出演者同士で盛り上がっている点が多々あるように思えます」（女　23歳）というように，公正性，公共性という観点や視聴者を顧みない番組作りとなっている点など，具体的な問題点が指摘されています．

また，タレント多用という現象に関しては，「なぜ，タレントさんが多くなるかを考えると，彼らは話がうまく，あらゆる分野の話題を面白く，楽しく伝えるというテレビ本来の役割を果しているからだと思う．その意味では，わたしはタレント番組を否定するものではなく，中には感心するものもあるが，あまりにも多すぎる」（男　71歳）とタレント出演の利点を述べながらも，制作者たちへの自省を促すコメントも見受けられます．

番組偏向の原因と独創性への期待

これまで，三つの視点から番組の偏向について見てきましたが，以上のような偏向がみられる原因は，なんでしょうか．たとえば「人気（視聴率）の高い番組を，すぐに各局が模倣し独創性がなくなっている」（男　60歳）というコメントにも見られるように，視聴率の高かった番組を後追いするからとも考えられるでしょう．制作者は「視聴者の好奇心や，いま流行のものをどんどん出せばよいという単純な発想だとしか思えないという業界の理屈で番組を制作し」（男　68歳）ており，「全体に萎縮している」（男　39歳）というように，視聴率

を気にするあまりか，冒険ができない状況にいるという指摘もあります．このような状況の中，「この時代，少しでもおかしなことをやるとクレームが来てしまうのだとは思いますが，今は守りに入りすぎ，もうちょっと攻めてほしいです！」（女 19歳）という番組の独自性を求めた激励の声も寄せられています．実際に，「切磋琢磨の中にときどきすばらしい番組があると思います」（男 49歳）や，「ガイアの夜明け，空から日本を見てみよう，和風総本家など良質で，大人好みの番組が多い．それほど制作費をかけている感じではないが，構成しだいで水準が高く，おもしろい番組が作れることを証明している」（男 56歳）と，少ない予算の中でも，知恵を絞った番組作りを行うことにより，独創性のある企画が生まれている例も指摘されています．

(2) テレビに望むことは…不快でないもの

では，上述のような「ジャンルが偏らない独創性のある多様な番組」以外に，どのようなことがテレビに望まれるのでしょうか．コメントを分析しますと，回答者のニーズとしては，独創性に加え，話題性，現代性，意外性，同時性，実用性，娯楽性，公共性を要素として挙げることができます．これらの中で，公共性の一要素である「不快でないもの」という視点について，いくつか具体的な指摘があるので，次に，取り上げてみたいと思います．

「私の感覚が変わってきているのか，放映内容に常識的感覚が緩んでいる気がする．たとえば，主に食事をするであろう時間帯であるのに，不潔な内容や発言がある．お笑い番組であるのに，暴力行為であるエピソードを話し，出演者で面白がって笑っている．不愉快な内容が目に付く」（女 37歳）という批判があります．このような時，回答者はどういう態度をとるのでしょうか．ほかの方のコメントを見ると，「好きな人は応援メールなど積極的なアクションを起こすかもしれないが，嫌悪感を持つ人はムリしてそんなことはしない，ただ無視するだけである．企業，番組関係者もそのことを忘れないで頂きたい」（女 40歳）というように，Quae調査だからこそ表出した声も見逃せません．一方，「『視聴率』や『笑い』を追求するあまりに，誰かを傷つけるような差別的表現

が見受けられると思います．お笑い芸人やタレントの立場からすれば，それはおいしいと言えるのかもしれませんが，表現がいき過ぎると，学校でのいじめなどにつながってしまう危険性もあると思います」(男　20歳)と差別的表現について批判しながらも，それがお笑い番組の一つの要素として組み込まれており，大半の視聴者が違和感なく消費している現状に対し「非常に難しい問題」という認識を示しています．

　このように，回答者それぞれが，自分なりの視聴形態をとりながら，テレビを期待とともに利用している様子が窺えます．たとえば「地上波は視聴率狙いの見るに耐えない番組もあるが，(一方で)選んで見ごたえのあるもの(番組)を録画したりしてゆっくり見られるので，自分にとってはテレビはとても良い情報源になっている」(女　71歳)という具合です．

(3) NHK に対する評価と期待

　そのような中，NHK に対しては高い評価も寄せられています．「構成が基本的にぶれないので，落ち着いて視聴できる」(男　24歳)というものや，「もちろん各局とも素晴らしい番組を制作しているが，全体としてみれば NHK が一番独創性にあふれた番組作りに挑戦しているように思う」(男　57歳)というように，NHK ならではの品質の高い番組作りが評価されているようです．その一方で，「NHK で良質なものが減ってきている．民放と区別がつかない」(女　40歳)というようなコメントも少なくありません．それは，民放で使用されていた手法，たとえば芸能人を多用する番組作りに起因しているようです．それは，「最近は NHK も経済情報番組にお笑い芸人が出てきて盛り上げようとしたり，元日の中継でもタレントが雪の京都の寺に，スタジオで『わーすごい！』とか言っていて興ざめ．スイッチを切りました．民放の後塵を拝していたのでは見捨てられますよ」(女　71歳)や「検索 de ゴーもそうだが，安易に芸能人を出す必要があるのか．普通の市民の感動が見たい」(男　79歳)というコメントに表れており，番組制作者と視聴者の間で認識の乖離が示唆されています．

　また，NHK と民放において類似性が高まっているという評価は，番組作り

だけでなく，番組宣伝についても言及されています．「NHK，民放と余りにも差が無くなりNHKの予告の多さには驚いております．今どこの局を見ていたのかしらと思うことも度々です」（女　74歳）という現状に「NHKが番組のCMをよくやるので，選んで見たいものだけ見れるようになった」（女　61歳）と一定の評価を与える人がいる一方で，NHKにおける番組宣伝に異議を唱え，視聴率および宣伝自体の意味，そして，NHKの存在意義にまで考えさせられるコメントが見られました．

「NHKは，視聴質ではなく，視聴率を上げるのに必死なのではないか．NHKは視聴者が直接金を払っているのだから，視聴率の高い番組を放映したいと思っているようだが，勘違いをしているような気がしてならない」（男　77歳）と，公共放送における視聴率の在り方に苦言を呈しています．それは，次のようなコメントにつながっています．「民放のCMには商品情報があるので，消費生活上それなりの意義はあると思うが，NHKの番宣にはまったく情報としての価値がない．単なる視聴率かせぎの手段になっていて，『みなさま』のための報道になっていない」（男　57歳）という具合です．

しかし，このような番組宣伝に対する批判も，「受信料をとって番組の作成をしているのだから，NHKならではの公共性のある，質の高い番組を作って，他局をリードしてほしい」（男　56歳）とNHKへの期待を込めたコメントで結ばれています．さらに，「視聴者は民放にない硬派な知的刺激や，質の高い教養を求めてチャンネルを合わせるのである．少数でもそのようなニーズに応えることこそ，NHKやNHK教育の存在意義ではあるまいか」（男　45歳）としながら，最近の『ハーバード白熱教室』の日本での大人気ぶりを例に出し，そのような潜在的視聴者のポテンシャルを顕在化させることが，テレビが忘れている可能性を開くためにも必要だと，テレビ業界を担うNHKとしての存在意義が熱く語られています．いずれにせよ，視聴者の辛口コメントは，NHK，ひいてはテレビ業界に対する期待が根底にあるからに他ならないようです．

次に，回答者から寄せられた番組制作者への激励コメントを，ご紹介したいと思います．「まじめなものづくりは，きっと必ず誰かが見ていて最後には勝

つと信じます．がんばって本当にいいものを作り続けてください」（男　49歳）．

(4) CMに対する評価と認識

　ここまで，番組の評価について見てきましたが，回答者からは，CMについても多くのコメントが寄せられています．たとえば，「いまは番組よりCMの方がおもしろい．なかでもソフトバンク，ウィルコムのCMが出色である…トヨタ（ドラえもん），東京ガスのCMもよかったが，ストーリーが続かない．早く続きが見たいが，打ち切りか？」（男　57歳）というように，番組より興味をもちながらCMを楽しんで視聴する様子が窺えます．ただ，「売れ出すと途端にCMやあらゆる番組に同じ人が出て飽きる」（女　19歳）や「（同じ）人気タレント・選手があちこちの企業・商品CMに出てくるので，企業・商品とタレントのイメージが固定しないのは残念」（男　57歳）というように，番組と同様，安直に人気のタレントやお笑い芸人を多用しているCM作りは，必ずしも好評とは言えず，効果についても疑問の余地がありそうです．

　また，CMを挟んで結果を見せるというCMマタギという手法も，さまざまな手段で情報を得ることが可能な現代では通用せず，逆効果となっています．「私の周りの人たち（20～60代）は，特にバラエティではCMが入るとチャンネルを替えています．私もそうです．一昔前はCM後に期待する意味はありましたが，いまは情報過多なのでチャンネルを替えてもネットで調べればよいになる．調べても分からない様であればもうその情報は不要となります…たまに編集でCM前に結果を伝える番組があると最後まで鑑賞します」（男　44歳）という具合です．

　このように，テレビの番組内容とCMの関係も視聴者にとってはテレビ視聴において大事な評価要素となっています．たとえば，『報道ステーション』などでは，司会者が「これからコマーシャルをいれます」と予告をしてからCMを放送していますが，多くの番組では，予告なしでCM画面に切り替わります．このようなCMの提示の仕方について，「大半のくだらない番組ほど，いつの間にかコマーシャルになったり，視聴者の興味を盛り上げておいていき

なりコマーシャルに入るなど，ゲーム機のリセットのようなことを平気で行っています．つまり，人間の思考過程を踏みにじる行為であり，ある意味では，切れやすいという若者（大人も）を増産しているとも思えます」（男　75歳）と鋭い批判です．

　さらに，スポンサーの責任について言及するコメントもありました．『世界不思議発見』のスポンサーの存在感を称える一方で，時間枠を買っているだけで，番組の内容には無頓着なスポンサーの存在に触れ，「このようなテレビ局とスポンサーの関係では，テレビ局は視聴率のみを追求し，くだらない番組を大量生産しているだけになってしまう」（男　77歳）と危惧しています．いずれにせよ，社会においてCMが果たす役割が大きいことは周知のことですが，その分，社会的責任についても，スポンサーをはじめ，テレビ局，そして，視聴者ともに，もっと認識する必要がありそうです．

2　大学でのレポートにおけるコメント

　次に，授業で収集した学生による意見を紹介します．都内の私立大学の二つの授業の受講生（18歳〜22歳の男女）に，2011年10月31日のQuae調査に参加して評価してもらった後，レポートという形で授業時に意見を提出してもらいました．受講生は1年生から4年生までですが，そのうちのおよそ半数は1年生です．学部を見ると，社会学部の人がもっとも多くなっていますが，総じて多様な文系の学部に在籍している学生たちです．

(1) 大学生のテレビ視聴状況

　「若者のテレビ離れ」と言われていますが，実際，大学生は，どのような視聴状況となっているのか，記述を拾ってみました．「大学生になってからサークルやアルバイトで毎日忙しく，テレビを見る機会が高校生のときに比べかなり減ってきた…ニュースなども携帯電話から見ることができるため，テレビを見ないからといって生活に不便なことは全くないような時代になっているなと

感じていた．もし，どうしても見たい番組があったら録画をするのだが，最近では録画してまで見たくなるような番組もあまりない」というように，多忙な学生生活の様子とともに，他メディアを代替にしたり，録画機能を利用したりしている状況が窺えます．また，「（普段は）音を流しているだけ，または気になった会話をしている部分だけを見るというのが大概である」という，ラジオ聴取さながらのテレビ視聴組もいます．中には，家にテレビがないので普段は見ないという学生もいました．一人暮らしで大学生活を始めるにあたり，家具や電化製品など必需品を揃えたが，その際，テレビを購入しなかったということです．しかし，久しぶりにテレビを鑑賞した体験を，「普段見ることはないが，なるほどやはりテレビは面白いと思った…終始笑いっぱなしであった」としており，テレビ鑑賞の楽しさが伝わってきます．また，テレビ視聴傾向についての変化を次のように語っています．「今までは音楽番組やバラエティばかりを視聴していましたが，最近ではテレビの利用用途が私の中で変化したと感じます．音楽番組に関しては，テレビよりも音楽専門雑誌やインターネット，CDショップなど別の媒体にアクセスして情報を得ることが増えました…娯楽はテレビ以外で楽しむことが多くなっています．娯楽よりも天気や時刻などの情報を得るための視聴が増えました」とし，テレビだけでなく，さまざまなメディアをミックスしながら利用する傾向が見えます．一方，情報取得という視点からはテレビ以外のものを利用する，という学生がいます．たとえば，「情報源は主にインターネット，または新聞になっている…テレビ番組は，視聴者が一方向的に情報を受ける側になりがちなイメージが強く，つい双方向性がより高いインターネットに惹かれてしまいます」というように，情報収集はネットと新聞で十分と言い切るとともに，インターネットの魅力について語っています．それは，「あらかじめテレビに選択された情報を見るより，（他メディアを通じ）自ら選択して情報を手に入れるように変化しているのだと感じる」と，メディアに対する主体的な情報獲得の姿勢へとつながっているようです．

　また，テレビにおいても，積極的視聴は進んでいます．Androidアプリ「実況テレビ番組表みるぞう」の利用者は，番組を見ながら自由に感想を書き込み，

「みるぞう」ユーザー同士でテレビ実況をして楽しんでいます．このアプリを利用している学生からは，「視聴が多くされている番組は色分けされ盛り上がり具合がよく分かる．昨夜のテレビ番組でも私は『みるぞう』を利用してみたが，このようなタイプのレビューからでも従来より生々しい質的評価ができるのではないかと思った」と，Quae 調査に対し新しい提言が寄せられています．さらに，「『しゃべくり007』を見ました…2人目のゲストの俳優の伊勢谷友介さんを真剣に見ました…この番組は毎回見るわけではなく…たまたまツイッターのリツイートで伊勢谷さんの出演情報を見ました」というように，ソーシャルメディアから情報を得ることが，積極的なテレビ視聴のきっかけとなっています．

(2) テレビ視聴番組選択の基準とは…視聴率との関係

　それでは，リツイート以外に，学生は何を基準として，視聴するテレビ番組を選んでいるのでしょうか．一般的には，「面白いから，出演している芸能人が好きだから」という理由でテレビを見ている人も多いようですが，少なからぬ学生が選択基準の一つとして「視聴率」に言及していました．たとえば，「テレビのワイドショーなどで紹介されるように『○○のドラマが高視聴率』など，私自身，視聴率というものを中心に番組に対して注目したり，実際にその番組を視聴していることが多い」というように，視聴率を視聴判断の一つの基準としていることは明らかです．さらに，「実際に，『今週の視聴率トップ10』のようなものをテレビ番組のコーナーや雑誌で見て，なにも考えずに視聴率が高い番組がより優れた番組であると思ってしまう」や「今まで，視聴率を扱う番組や新聞などの視聴率掲載を見て，ランキングに入っている番組や視聴率が高い番組は面白いものだと思ってしまっていた．逆に，視聴率が低い番組は面白いものではないと考えるようになっていた」と，視聴率が番組の質の高低を決め，一つの価値観として確立されていることが示唆されます．

　しかし，中には，テレビの存在は欠かせないものとなっていると前置きしながらも，視聴率が示す数字の意味について疑問を提示する学生もいます．たと

えば,「ぼーっとテレビをつけていても,興味をもって熱心に見ていても視聴率で示される数値は同じ」というコメントです.そして,「視聴率だけで人気番組を判断している私たちにも問題がある」と自覚をもちながらも,「『どれもくだらない番組ばっかり』そうは思いながらも『とりあえずつけておくか』『特番だからとりあえずつけておいたけど,ちょっと下品だったな』といった視聴者の声は,視聴率の数値だけでは,メディア側に伝えられることは少ない」というように,視聴率調査では,番組の質を測ることができないとともに,視聴者の声が制作者側に伝わらないもどかしさを表現しています.

(3) テレビ番組に対する評価

　次に,学生の意見からテレビ番組に対する評価を見ていきます.「勉強やアルバイトの疲れの癒しとして,芸人がバカをやっているのは大いに笑えてストレス発散になるものです」というように,娯楽としてのテレビ利用が評価されています.ただ,批判ポイントとして,「人気タレントをむやみに起用している」など,芸人を含めタレント,俳優など起用される人物が限定的になり,多用される現状が指摘されます.このような批判ポイントは,前節のQuae調査による一般視聴者のコメントと重なる結果になっています.

　そのほか,番組編成やその内容についても,さまざまなコメントが見られました.「テレビは,世間の流行にもっとも影響されやすいメディアだと思う」という前置きの後,取り上げるテーマや内容の同一性,類似性が指摘されます.たとえば,「今の世の中は子役ブームであり,どの番組にも人気子役が出ていて,似たような内容になっているように感じる」というように流行に流されない番組,つまり,独自性をもった番組制作への期待が高くなっています.番組制作については,「過度の派手な演出を狙った番組作りになっているのかなと感じた」や「人の笑いや好印象を誘うようにわざと仕組まれた番組が多いように感じる（編集による操作や芸人のリアクション具合など）」というように,番組作りについての不自然さを見破り,過度な演出についての批判が生じています.それは,「内輪だけで盛り上がり,視聴者を置いてきぼりにしているように思

うことがあった」という状況を生み出し，視聴者と制作者の間にズレが生じている要因となっているようです．その結果，「いかに視聴者が求めるものを制作し楽しんでもらえるか…できなければテレビがつまらなく，視聴率も低下していくのではないか」と制作者への期待を込めた批判へとつながっています．

さらに，安易な番組作りが結果的にテレビ離れを生じさせる原因となっているという指摘もありました．たとえば，「近年の安易な特番増加は制作者からすればあまり制作費をかけなくても数字が取れるからお得なコンテンツであることは確かであると思うが，こう毎日のように特番を流されると，視聴習慣が成り立たず，逆にテレビ離れを促進しているのではないか」と，まるで制作者側の裏の事情まで見透かしているようです．

(4) Quae 調査に参加した学生の成長ぶり

以上のように，もともと鋭い評価視点をもった学生も少なからずいるようですが，そのほかの学生の様子は，どうなのでしょうか．Quae 調査に参加したほかの学生の様子をコメントを引用しながら紹介し，学生の成長ぶりを考えてみたいと思います．学生たちには，Quae 調査に参加するという体験を通して，さまざまな気づきを得て自分自身を見つめ直すというプロセスが見られます．

普段の視聴状況を見つめ直す…反省

まず，「今回この調査に参加して，テレビ番組を一般人が採点できる調査があることをはじめて知った…普段意識していない部分まで聞かれて，普段いかに受動的に見ているか分かった」と，これまでの自分自身の視聴状況を反省していくことから始まります．次いで，「採点をすることは，普段は『なんとなく』好きだな，嫌いだなと思っていた番組の，具体的に，どの部分が良いのか，あるいは悪いのか見つめ直すきっかけとなる，と感じました」と，番組を評価するという行為を自分なりに咀嚼する様子が窺えます．さらに，番組を評価してみることにより，自分の視聴傾向を客観的に分析していきます．たとえば，「評価をしてみて，私は番組で出演者同士の仲の良さ，あまり緊張感がない雰囲気や番組を作っている側の姿をあえて見せてしまうような番組が好きだというこ

とが分かった」や「普段見ている番組の多くは『品質』よりも『娯楽』要素が強く…品質よりも内容（芸人さんの顔面が汚されるなど）で楽しんでいる自分がいるのに気づきました」という具合です．

普段の視聴状況を見つめ直す…発見，再評価，そして新しい視点の獲得

また，番組評価をすることが，これまで見ていた番組を改めて見直すきっかけとなり，次々に新しい発見をしていきます．たとえば番組構成に着目し，「おもしろいと思ったのが，番組の構成の仕方だった．ランキング形式（の番組）だが，ランキングを前半と後半に分けることで（中盤は過去のVTR），途中で視聴者がほかの番組へと移らないようになされているのだと思った．視聴率をより多く確保するために，細かいところまで工夫されていたことに気付いた」と述べています．

さらに，内容についても「普段何気なく視聴しているときはただ流して笑って過ごしている出演者の暴力や，言葉づかいなどが，評価するという姿勢で視聴しているととても気になり，マイナス分野の評価を高くつけた．全体的に見て，とても楽しめる番組であったが，項目に当てはめるともっとも低評価であった」というものや，その逆で，「特に意識してみていなかった『倫理』や『品質』という観点で，評価の際に改めて思い返してみると，見ているときには気に留めてなかったが，評価の高くなる番組もあるということに気がついた」というように，Quae調査に参加をして評価をするという行為を通して，これまでの視聴経験とは異なった形で，番組を再評価しています．その結果，今まで視聴率が低いため見ていなかった番組を見るという行為へと，つながっている学生もいました．さらに，「質を評価する取り組みを知って，参加してみると自分自身，番組を視聴する姿勢が変わってきたと思う．何気なく見ている番組をぼんやりと，いくつかの評価ポイントから見ているときがある」と，番組視聴の際の新しい視点を獲得していく様子が窺えます．まさにこれらのプロセスこそ，第Ⅰ部4章で述べられているメディア・リテラシーの実践の証ということができるでしょう．

(5) 世代による評価の差異…若者と高齢者

このように，Quae 調査を行うことによって，さまざまな発見をするとともに，質的調査の有用性について肯定するコメントが大半でした．しかし，同時に，世代による評価の差異についての議論も見受けられます．これは，特にバラエティジャンルの番組において，顕著となっています．たとえば，自分自身の視聴経験から，次のように主張しています．「祖母の家を訪ね，テレビをつけて…バラエティ番組を見ていると必ず『うるさいなあ』といわれる．確かに客観的に分析すると祖母は正しいのかもしれない．しかしながら，ついつい見てしまうのがバラエティであるし，そんなことを考えながら番組を見たって何も面白くない．むしろ，そのように思わせることができるだけその番組の価値は存在するのだということを強調したい」という学生コメントからは，年代による番組に対する印象の違いが浮き彫りとなっています．

この点については，Quae のホームページ上で，一般視聴者によるコメントを読んだ学生からも指摘されています．「過去の投稿者の意見も閲覧したのですが，様々な年齢層の方々から興味深い意見が寄せられていました．中でも特に気になったのが，高齢者のバラエティ番組への不信感がいくつか見られたことです」と前振りし，しかし，自分にとっては，この番組がストレス発散になっていると訴えています．確かに世代による印象の相違は存在するでしょう．いや，世代ばかりか，個人一人ひとりが全く同じ評価をすることもあり得ない話です．視聴者はそれぞれが一個の独立した人間として，ある感性や価値観をもち存在しています．よって，それぞれが異なる評価をして当然なのです．しかし，ある一定の傾向は見えてくるはずです．そういう意味においては，質的調査が有用であるという点は変わらず，そこに，一つの傾向として，たとえば，バラエティ番組に対する評価においては，世代の相違が傾向として出てくるのでしょう．

(6) 公共の議論の場としての Quae の存在

続けて前出の彼のコメントを引用したいと思います．「このように，視聴者

によっての番組の捉え方というのも全く違ってくるんだなという，視聴者の生の意見を，この Quae によって感じることができ，そのような意見を集約することで，また新たな考えが生まれてくるのではないかと，Quae というものに非常に強い魅力を感じました」と締めくくっています．まさに，多様な意見を公表する場，これが，Quae の存在価値の一つとも言えるのではないでしょうか．

　では，コメントを発信するという行為について，どう受け止めているのでしょうか．改めて考えてみたいと思います．「調査に参加して，番組に対するコメントが書けるというところがとてもよいと思いました．ある番組を見て，自分なりに感想をもったとしても，それを発信する場というのはなかなかないもので，放送界がそれを知る場もないものです」や，「自分が面白いなと思うのは，後日調査結果が出たとき，自分が感じたこととほかの回答者の感じたこととの違いを比べたりできるとことです」に見るように，Quae が意見を表明する機会や場を提供することによって，自分の意見を表現するとともに，他人の意見を聞き自らへの振り返りとなっていくようです．さらに，それは，コメント発信者自身にとどまらず，テレビ制作関係者への大きな期待へと膨らんでいきます．「アンケートで評価することによって，私たちの意見や考えが，目に見える形で現れることは大きな意味をもつだろう．そうなると，番組制作側に意見や考えが伝わるかもしれない．さらに，私たちも番組作りに参加しているみたい，と感じることができるかもしれない」というように進展していくのです．

　さらに，Quae 調査に参加する意義について自分自身の体験から，次のように述べています．「テレビ採点をするという仕組みは，番組制作側の研究材料となるだけでなく，視聴者側にとってもメディア・リテラシーを高めることのできるものであると思う．実際に私は番組採点を行うことで，今までテレビを見る上で自分の中になかった観点から考えるようになったと感じる．このように，Quae は視聴者に番組を評価させることにより，彼ら自身のテレビへの視聴姿勢，態度を変え，意識改革を行っているのではないか」という具合です．

　最後に，テレビ文化の発展を考える上で，視聴者と制作者相互が果たす役割

について言及した次のコメントをご紹介して，この章を終わりにしたいと思います．「このような調査が繰り返され，より番組の質が向上していけば，同時によい番組を求める視聴者の目も向上していき，番組制作サイドと視聴者サイドが相互に向上する関係となることで，テレビという文化がより親しまれ，成長することができるのではないかと思う」とのコメントに見るように，テレビ文化を作るのは制作者だけではなく，視聴者との相互関係が必要不可欠ということが言えるのでしょう．視聴者と制作者の，さらなるよき関係が期待されています．

(石山 玲子)

参考文献
鈴木みどり編，1997，『メディアリテラシーを学ぶ人のために』世界思想社

〈コラム2〉 子ども向け番組の"質"の確保のために

　テレビ番組の子どもへの影響をめぐる議論は，青少年による凶悪犯罪やいじめ・学級崩壊といった教育現場における問題が報道されるたびに繰り返しあがってきます．そのような議論を受け，放送界はこれまでさまざまな対応を取ってきた経緯があります．

　たとえば，民放連は1999年の「青少年の知識や理解力を高め，情操を豊かにする番組を各放送事業者は少なくとも週3時間放送する」との申し合わせにより，各テレビ局が選んだ「青少年に見てもらいたい番組」を公開しています．

　また，2011年に改正された放送法により，総合編成の地上波テレビ局は，各年度の半期ごとに当該期間における毎月第3週目の放送番組を，「教養番組」「教育番組」「報道番組」「娯楽番組」「その他の放送番組」の五つの区分に分類して，番組の種別ごとの放送時間の報告と公表を行うことが義務化されました．これにより，番組編成の調和と番組の質が保たれることが期待されています．

　しかし，「青少年に見てもらいたい番組」では，番組選定の詳細な基準がなく，プロ野球中継や高校入試の解答速報などが見てもらいたい番組として選ばれてきました．また，放送時間帯や放送時間の制限もなく，深夜帯の番組が選定されることもしばしばです．直近の選定では，ターゲットが大人のバラエティ番組や娯楽要素がほとんどのアニメ番組を選定する局もあるという状況です．

　番組種別の公表についても，現在，各テレビ局が自社ホームページ上で行っていますが，その分類は，ニュースを「報道番組」「教育番組」と二つの区分に同時に分類していたり，バラエティ番組を「娯楽番組」「教養番組」「教育番組」と三つの区分に同時に分類していたり，純粋に娯楽向けに制作されているアニメ番組を「娯楽番組」「教育番組」の二つ同時に分類していたり，と各局に共通した基準もなければ，基準そのものも曖昧です．また，単独で「教育番組」と分類される番組はほとんどありません．このように，子ども向け番組どころか，純粋に教育番組と言われる番組が地上波，特に民放のテレビ局ではほとんど見られないのが現状です．

　これに対し，たとえばアメリカでは，Children's Television Actという法律が，地上波テレビ局の免許更新の条件に教育・情報番組を提供することを義務付けています（E/I義務）．この法律も制定当初は，E/I義務の基準が不明瞭で，教育・情報番組（E/I番組）の放送時間数や放送時間帯にも特に制限はありませんでした．そのため，テレビ局は子どもが見ないような深夜や早朝の時間帯に5分以下のミニ番組を放送したり，E/I番組とは呼べないようなアニメ番組をE/I番組として登録し，条件をクリアしようとしました．

　しかし，そのような事態を受けてChildren's Television Actは1997年に「3時間ルール」（1週間当たり，最低3時間のE/I番組を放送すること）を義務化し，Core educational television programmingのみが基準を満たす番組として認める

ようになりました．Core educational television programming の条件は，以下の4点です．(1) 16歳以下の子どもの教育的，情報的ニーズに合致するように制作されたものであること，(2) 朝7時から夜10時までの間に放送されたもの，(3) 毎週決まった時間に放送されること，(4) 最低30分以上の長さがあること．そして，E/I 番組には，「E/I ロゴ」を番組が放送されているあいだずっと示すことが義務付けられました．このことにより，アメリカでは，どの地上波テレビ局でも，良質な子ども向け番組を一定量以上提供する努力がなされるようになりました．

　これまで Quae は，夕方17時から24時までの番組を評価対象としてきました．この時間帯には NHK・E テレ以外に子ども向け番組はほとんど放映されていないため，子ども向け番組はほとんど Quae の評価の対象になってきませんでした．しかし，日本のテレビ番組の現況とテレビ番組の子どもへの影響を考えると，今後，時間帯や調査日程の幅を広げ，子ども向け番組の評価をしてもらう機会を設ける必要があると思われます．また，青少年に見せたい番組や教育番組と区分された番組を評価してもらい，その内容が子どもにとって真に良いものであるか吟味することも必要だと感じています．

（山下　玲子）

第9章　東日本大震災報道の通信簿

0　はじめに

　2011年3月11日14時46分，東日本を未曾有の大地震が襲いました．この東北地方太平洋沖地震は，地震規模マグニチュード9.0，宮城県栗原市の最大震度7．このような大地震が日本を襲ったのは，約千年前の貞観地震以来のことです．岩手，宮城，福島の東北3県を中心に，東北から関東一円に至る東日本全体に多大な被害をもたらし，全体として「東日本大震災」と呼ばれるようになりました．(2013年3月11日迄の2年間に，死者15,882人，行方不明者2,668人が記録されています．地震とそれに伴う津波の自然災害だけでも想像もつかないほどの大きな被害がありましたが，原子力発電所が大事故をも引き起こしたことが，もっと大きな問題を引き起こしたのはご承知の通りです．)

　震災の間人々は，テレビをつけっぱなしにして事態の推移を見守っていました．一方，テレビで働く人たちも自分たちの使命として，この災害の模様を取材し報道しようと決意をしていました．果たしてテレビ報道は，人々の期待に応えられたでしょうか．それを調べるために，Quaeではこの災害に関する放送の特別調査を実施しました．

　調査が行われた時期は，震災から2週間が経過し，初期報道がほぼ収束した3月25日から3月31日の1週間です．したがって，地震発生からの2～3週間を対象にしています．

　3月11日から14日までの間，民間放送局でもテレビ・コマーシャルを一切なくし，平常時の番組をキャンセルして災害関連報道を中心に編成していました．それ以降は，臨時報道特別番組の体制が緩和し始めましたが，スポンサー

の多くは CM 放送を辞退していました．もともと日本ではアメリカ等の一般放送に比べてニュース番組は多いですし，加えてワイドショーなどの情報系番組もあるので，それ以後も放送時間の多くを災害関連に費やしていました．

この調査は，それら一連の報道を視聴して感じたことを書き込んでもらったものですので，いつもの Quae5 段階評価とは違うことをお断りしておきます．

1　東日本大震災後のテレビ報道調査

全体で 27 件の意見書き込みがありました．24 歳の女性から 76 歳の男性までの幅広い層から回答があり，平均年齢は 59 歳です．特に 70 歳代の方が熱心な回答を寄せてくれました．性別では，女性 7 人，男性 20 人で男性の方が多くなりました．

今回寄せられた意見を集約すると，次のようになります．

① **情報内容**：災害情報，特に原発については，政府と東電に内容が操作されているので何を信用してよいのかわからない．不十分な情報が逆に不安を搔き立てる．

② **取材態度**：取材記者は知識不十分で記者会見における質問がおざなり．情報源に対して追求が足りないのに態度は横柄だ．

③ **テレビのメディアとしての特徴**：充分に発揮され，津波の凄さがよく分かり，地震速報は事前に準備の時間を与えてくれている．

(1) 情報源(政府，東京電力，原子力安全保安院)の態度

視聴者の関心は，報道のもととなる情報源（政府，東京電力，原子力安全保安院）にありました．たとえば，「東電の記者会見は会見中に打ち合わせをするなどお粗末」「旧通産省，現在の経産省と東電は，天下りなど癒着がある．今回の事故も地震・津波の危険警告を無視してきた政・官・財の癒着が一つの原因だと思う」（男　72 歳）や，「保安院の広報担当者の顔は，真剣に見えない顔立ちでこの仕事に向いていない」（女　68 歳），「東電や原子力安全保安院の記

者会見の中継で，その他人事(ひとごと)のような態度に腹が立つ」（男　70歳）といった意見です．

「本来電源系統および冷却用ポンプが不能になれば致命傷のはずなのですが，当事者はこのことを隠して処理しようとし，国民を不安にした」「事前の危機管理（あらゆる最悪事態のシナリオに耐えうる対応策）がなされていなかったとしか思えません」（男　76歳）というように，メディア・リテラシーのある視聴者には，情報源の嘘はお見通しだったことが分かります．

(2) 政府御用達報道ではないか

　情報源の問題は，それをそのまま報道するメディアの問題点として指摘されます．「もっとひどい被害なのだという説がある一方，テレビでは"ただちに身体に影響を及ぼすものではない"という見方が流される」（女　68歳），「御用学者の空疎で無意味な解説を垂れ流すだけならプロパガンダと変わらない．今なにが起こっているかが知りたくてテレビをつけている．政府と電力会社に操作された情報では報道の名に値しない」（男　46歳）．「記者会見や原発の情報についての報道ばかりやっているように感じた．被災地出身の私にとっては，地元がどうなっているかという現状を知りたかった」（女　24歳）．

　被災地報道もありましたが，それにも批判があります．「地震・津波の凄まじさ，被災者の窮状についての報道では，NHKをはじめすべての番組が"類型化・同質化"しているのに辟易します．記者たちは，避難所を訪ねて揃って同じ質問を繰り返す．こんな時間があるなら，避難者の希望を募って，避難場所ごとにその無事な顔を順次放映したら」（男　72歳）．伝える方ももっと工夫をして，ということでしょう．

　「国民全体の課題として"行動の参考になる重要情報"を示すべき．教訓は過去の大震災で多々得られているはず．たとえば，被災地では車を使うな，買い物を控えろ，物流は○日程度で回復するはずだからそれまでは自宅にあるもので食いつなげ，などなど」（女　40歳）．未曾有の災害では予見できないこともあるでしょうし，予見してその通りにならないのも問題なので難しいところ

ですね．でも，視聴者の立場でそう言いたくなる気持は分かります．

(3) 画一的な報道

　東京エリアでよく利用されていたテレビ放送波は，災害のあった 2011 年 3 月の時点で，NHK 5 波（地上 2, BS 3），民放 5 波の計 10 波です．NHK に関しては緊急事態発生の常として，当初 5 波すべて同じ内容を流していました．その結果，他の番組は一切なくなりました．途中から E テレ（教育放送）と BS2 を個人の安否情報にするなど，役割分担する方法に切り替えましたが．

　しかし，すべて同じ内容にする必要が本当にあるのかどうか，筆者は疑問をもっています．阪神淡路大震災では，その結果，聴覚障害者が待ちかねていた午後 7 時 45 分からの「手話ニュース」をつぶしてしまい，失望させたことがありました．東日本大震災では，地震が発生した 3 月 11 日夜の「手話ニュース」はありませんでしたが，12 日から ETV と BS2 で 12 時前，15 時前，17 時前，20 時前に放送されています．全チャンネルを同じ放送にするのは，緊急事態が発生していることを知らせ情報を共有するためでしょうが，そのことについては，画面の一部にスーパーを流すなどの工夫をすれば済むので，このやり方はむしろ弊害があるのではないでしょうか．逆にチャンネルごとに性格を分けて放送するほうが，有効な情報提供ができると思います．

　民放各局は，それぞれが独立した別の局ですから，放送局にとっては独自に報道せざるを得ないと考えるでしょう．しかし，視聴者にとっては，せっかく多くのチャンネルがあるなら，それぞれが役割分担をして有効に放送を活かしてほしいという気持ちが生じます．それが，「地震後数日は各局が震災関連一色であったのはやや違和感がある．他の重要なニュースもあったはずである．また，局によって役割分担して，より多くの情報が流れるようにすべきであった」（男　70 歳）という意見になっています．

(4) 取材方法と記者の態度

　まず，被災地取材に対する「ねぎらいの声」を紹介しましょう．

「被災現場等直接記者が見たこと感じたことについてはよく報道されたと思います．取材記者の方も大変だったと推察します」（男 76歳）．映像を見るだけでも取材の大変さは分かります．現地に立つとおそらく強烈なにおいや，そこに吹く風の寒さ，荒涼とした被災地の音など，五感に直接働きかける要素がたくさんあったでしょう．現地取材は大変だったと思います．その一方で，記者会見における「記者の質問能力」等に対しては批判的です．

「東電などの当事者意識のなさをもっと追及するべきではないか．言っていることをそのまま流す報道はかえって国民の不安を拡大している」「原発事故は日本の社会が実にいい加減な基盤のうえに成り立っていることを露呈した．東電や原子力安全保安院の無責任さは放射能以上に恐ろしい．そこを追及して明らかにするのがメディアの役割だろう」（男 70歳）．「質問の特権を与えられている記者は，危機感をもって会見に当たってほしい．有事の際は見識をもったベテランに代えることも必要だと思う」（女 72歳）．「記者会見の際の報道関係者の質問は愚問か不要なものが多く，尊大さが目立った．いかに駄目な質問であるかを知らせたいくらいです」（女 65歳）．

駄目な質問の具体例として「ヨウ素134の値について訂正があったが，何をどんな風に間違えたのかフォローしてない．はじめの数字が現実なのだが，パニックを恐れて訂正したのではないかと疑う」（女 72歳）．「何を報道すべきか，どういうスタンスにいるのかを，一人ひとりの報道者が，原点からきちんと考えるべきだと思う」（女 65歳）などがあります．

テレビに任せてはおけないと自分で調べている人もいました．「放射能による被爆の数値を年に1回のレントゲンなどと1時間当たりのそれを単純に比較している．また，放射性物質の飛散予測が全くない．他に雑誌や書籍，インターネットで情報を入手している」（男 49歳）．

以上は，実際には何倍も長くコメントを書いているのを，短くまとめさせていただいたものです．やはり，科学記者をはじめ専門の記者を養成し，本当に聞くべきことは何かを，日ごろから用意し訓練しておく必要があるのではないでしょうか．筆者は，記者の適切な質問が，行政や当事者を育てるのではない

かと考えています．

(5) 司会者・コメンテーター・専門家について

　「他局はゲストの学者にゆだねているが，NHK は科学文化部・水野倫之，山崎淑行記者の解説でこなしているのはさすがだと思う」（男　72歳）と，NHK を褒めるコメントがあることをまず紹介しましょう．

　ついで，事態の異常性を考慮しない出演者の発言に批判があります．「コメンテーターの中には震災直後に，行政側の対応が遅いことに対し批判的な発言が見られました．大混乱の中ですべてに平等に援助が行き渡ることは不可能なことで，配慮が欠けている」（男　76歳）．「国難ともいえる災害ですから非難するだけでなく，復興への提案活動や風評被害対策などに取り組んで欲しいです」（男　70歳）．

　混乱の中で，不確かな情報発信をする出演者へも批判がありました．
　「専門家と称する人たちの"推測"解説が繰り返され，実情が報告されていないことにいら立ちを持っています」（男　70歳）．「アナウンサー，コメンテーター，専門家も憶測で物を言うのは控えるべきで，事実のみを報道するべきです」（男　76歳）．「ナレーションをしている女性のわざと落とした音調，物々しい語り口—聞いていて逃げ出したくなります．悲惨な状況を知らせる番組だからといって，ナレーションまで落ち込むのはがまんできません」（男　70歳）．

(6) テレビの特性評価

　さまざまな批判があるもののテレビ映像のすごさや，地震速報システムなど，テレビ・メディアの素晴らしい特性を，改めて認識するコメントがあります．
　「地震速報がでるとほとんど間違いなく5〜10秒後に地震が来るのに感心した．気象庁との連携で，テレビは災害を減らすのに役に立つようになった」（女　68歳）．「津波の映像はすさまじかった．震災の悲惨さがリアルに伝わった」（男　56歳）と率直に語ったり，「巨大津波の空中からの映像にはびっくりしました．東北の太平洋沿岸の被災者の恐怖を共感し稀有な体験をしました．これは文

字・写真情報とは違ったテレビならではの質の高い情報でした」(男 71歳)と，メディア体験を自分の体験の一部とする考え方も示されています．「地震津波予想・速報はすこぶる有効，且つ不可欠」(男 70歳)と評価し，「メディアは国会より重い」というコメントを残した方もいました．

(7) CM について

　「民放もコマーシャルを流さなかったし，現在でも自粛が続いているのは快挙である」(男 56歳)と，大勢の人の生死にかかわる災害の際に，スポンサーが CM を自粛したことを評価しています．

　自粛した CM 時間枠には，代わりに AC-Japan (旧・公共広告機構)のメッセージ広告が流されました．地震発生からしばらくの期間，AC-Japan が用意した広告の種類は非常に少なかったので，繰り返し同じ CM が流され，うんざりする人も多かったのです．

　「民放の放送の合間に入る AC-Japan の CM が気になった．暗いものが多く説教じみている．どの局に回しても繰り返し出されると，気分が悪くなった」(女 68歳)．「コマーシャルを自粛して流さなかったのは正しい判断と思いますが，各局とも全く同じ数本のコマーシャルをしつこく流したのはなぜでしょうか．むしろ，コマーシャルを少なくするべきでしょう．コマーシャルの時間枠にとらわれる必要は全くないと思います」(男 76歳)．ほとんどが暗い CM で，評判が良かったのは，「あいさつ」という明るい CM 1本だけでした．

　関係者から得た情報によれば，3月中の CM 枠はほとんどのスポンサーが契約済みであり，したがって料金は支払いながら自社 CM を流すことを自粛したのだそうです．その場合，広告枠を残さずに本編に組み込むと，広告料金がスポンサーから貰えなくなるので，AC 広告で埋めたと言っていました．だからといって繰り返し同じ CM で埋めるだけでは能がありません．こういう時こそスポンサーと相談して，2～3分の CM 枠を地震関連のスポット情報を入れるなど有効な使い方もあったはずです．民放はどこも，この CM 時間枠の処理の仕方が杜撰だったと言わざるを得ません．

第9章　東日本大震災報道の通信簿　151

(8) 視聴者からの提言も

　以上のように，多くの批判が伝えられた中で，それを解決して次につなげようという提言もありました．「東電，原子力保安院，関係官庁，官邸などの当事者責任能力のある人が一堂に会して，専門家集団を前に質問をする番組を，共同でもつことが解決への早道だと思います」(男　69歳)．「いくつかの心ある局ないし番組，新聞，ラジオなどが連携して，最低限度の正確な報道に関する共同提案をする働きかけはできないでしょうか」(男　69歳)．

　そういう試みが有効なこともありましょうが，情報が一元化する恐ろしさも同時にあるので，やはり，各メディアは高度な専門知識と判断力をもった人材を養成し，それを上手に説明できる人を作っていくことが，プロの仕事集団として必要なのではないでしょうか．

(9) 海外メディアとの比較

　国内外の報道について興味深い比較をしたレポートも寄せられています．要約して載せさせていただきます．

　「地震の2週間後に米国から帰国しました．地震直後の2週間は米国のメディア，次の1週間は日本のメディアに主に触れたことになります．

① 米国メディア(CNN，FOX，PBS，ローカル局)について

　ローカル局のいつものニュース(木曜夜10時PST)で地震の第1報を知る．地震のおよそ30分後でした．CNNまたはFOXで情報収集．映像はNHK，テレビ朝日などを使用していた．津波の映像は衝撃的で，翌日には早くも原発事故にテーマがシフトしていきました．米国メディアの方が原発事故について多くの情報を提供していたように思います．米軍の活動，長期滞在中の米国人の動向，米国の原発の状況との比較，日本経済の短期的見通し，長期の影響など，日米の結びつきを思わせる報道が特徴的でした．

　PBS(筆者注：米の公共放送)ではNHKの英語放送World Newsなどが流れており，日本の様子を知るのに役立ちました．

② 日本メディアについて

　原発事故では，NHK と民間放送の特徴がはっきりと表れているように思いました．事実関係・解説では適切と思われる専門家を配するなど NHK が優れています．民放の朝のニュースショーは，被災者の様子などを伝えるルポルタージュには温まるもの共感を誘うものがあると思いました」(男　56歳)．

(10) その他

　そのほかに，次のような意見もありました．

　震災による PTSD でしょうか．「震災映像をたくさん見た結果，見ていると気持ちが悪くなり，消さずにいられなくなった．災害報道見すぎ症候群のようなものにかかってしまった」(女　68歳)．「被災地の惨状や被災者の表情，避難場所の状況など見る程に慰めようの無いつらい気持ちになります．僅かな募金にたくして祈るばかりです」(男　70歳)．

　そして，復興に取り組む人への感謝の言葉「直接復旧に携わっている消防署・自衛隊・作業員には本当に頭が下がります」(男　76歳)．

　災害に直面し「ものを考える」ことも多くの人が体験しました．「危険だと分かっても何百万人もの人が避難することはできないので，動かないでいるしか方法はない．こういう時，人間の覚悟とか人生観についての話題は禁物なのであろうか．そういう視点のないことが，現代の皮相的な世相をものがたっている」(女　68歳)．これは，「ケアのジャーナリズム」の一分野をなすものと考えられますが，現代の一般的なジャーナリズムでは，このような問題にすぐには切り込めないのでしょう．この調査の後，災害の思想や哲学が徐々にメディアにも登場するようになりましたが….

2　特定のテレビ番組についてのコメント

　以前，NHK の報道センターを取材した時，「災害といえば NHK」というこ

とで，災害があったらただちに情報はNHKを頼りにしてもらおうというのがNHKの根本方針と言っていました．そのことに関しては視聴者の側でも，地震があったらNHKをつけてみる，という行為を日常化しています．それだけに，NHKに期待するものは大きく，期待に対する答えがどのように出ているかにより，評価が分かれました．

　まず国民がパニックを起こさないよう「できるだけ控えめに報道する」NHKの態度について，疑問を呈する意見です．それは，福島原発の放射能に報道の焦点が移るころから激しくなりました．たとえば，『夜9時のニュース』について「放射線量が基準値を超えているのに，学者や専門家が安全だという．それなら何のための基準値か」（男　65歳）といったものに代表されます．

　一方，『あさイチ』をジェンダーの見地から評価する意見もありました．「他のNHK番組の出演者はほとんどが男性のみだが，当番組では視聴者の意見を紹介しつつ今回の震災を考えていた．ジェンダー，家族構成（乳児／未就学児童がいるなどや），社会における位置（高齢者／社会的弱者）などを考慮している点は評価できた」（女　40歳）．

　実際の震災時のテレビ画面を思い起こしますと，男性ばかりが登場していた中，フランスの総合国策会社アルバからアンヌ・ベルジョンCEO（女性）が来日し，さっそうと日本の原発事故に対処していきました．日本女性の社会参加，中でも科学分野への参加の遅れを痛感させられます．2012年10月に世界経済フォーラムが発表した男女平等の国際順位で，日本は135ヵ国中101位であったことは「むべなるかな」と思わせます．男女共同参画社会とは掛け声だけですね．メディアもそれに対し責任があるでしょう．

　民放番組については，いろいろな違う反応がありました．TBS系列『みのもんたの朝ズバッ!!』では，「みのもんたの司会は全く理性的でない．彼のやり方は，政府や東電を批判するだけ．自分の理解力の不足をすべて他人のせいにする．誤解をもとに不安をあおり危険性ばかりを強調している．視聴者を"あおる"司会は危険である」（女　63歳）と散々ですが，同じTBS系列でも出演者が代われば評価が変わります．『報道特集』3月26日について，「金平茂

紀氏のレポートなどが，少しでも原発や放射能の実態を伝えるべく例外的に良心的な報道をしていたことが，唯一の救いである」(男　46歳)とありました．

　局別には，テレビ朝日の番組に対する反応が多かったのは，それだけ，この局が報道的な番組に力を入れている証拠でしょう．評判が良かったのは，3月15日放送の『東日本大地震100時間全記録』，3月16日，23日，30日放送の『池上彰，学べるニュース緊急放送，東日本大震災』，そして，3月19日放送の『ドキュメンタリー宣言　拡大版』でした．問題ありと指摘されたのは，3月26日放送の『激論！クロスファイアー』と3月26日の『朝まで生テレビ！！』でした．田原氏のコメントが感情的でいたずらに視聴者の不安をあおっていたこと，「政府＝官僚＝電力会社と一体化した学者連中や軽薄なタレント経済評論家を繰り出し，"無知で愚かな大衆"の不安を餌にして，必要なリスクだからと原発を擁護していた」のが不評を買いました．「この災害と事故を契機に，私たちの生活のしかたそのものを考え直すべき時なのに，うやむやにすまそうとするならテレビなんかもう要らないよ！」(男　46歳)と突き放しています．

　一方，2年前に番組を立ちあげたBSフジの2時間番組『プライムニュース』は，じっくりとニュースを掘り下げる姿勢が，東日本大震災でも発揮され，好評を得ていました．「さまざまな分野の実際的な専門家から，時間をしっかりとかけて，役に立つ話を引き出している」(男　69歳)ことが評価されています．いずれの番組も日ごろの番組姿勢がここでも露出しているのでしょう．

3　大震災関連のテレビ報道の実態

　災害と放送の実態は，どうだったのでしょうか．
　NHK総合放送が「冷却用の非常用ディーゼル発電機の一部が使えなくなった」という表現で原発事故の第一報を伝えたのは2011年3月11日の16時47分，地震発生の約2時間後でした．そして，19時台の記者会見で「原子力緊急事態」を伝えました．翌12日の早朝2時，原発1号機の格納容器内に圧力上昇があり，その時「放出される放射性物質は微量で安全だ」という政府と東電の"安全強

調コメント"がスタートしたのでした．午後の17時台に「何らかの爆発的事象があった」という表現の枝野官房長官（当時）発表があり，それが水素爆発であることを認めたのは20時41分．爆発から5時間も経っていたのです．それ以後もニュース番組では，東京電力，原子力安全保安院，官房長官の記者会見をそのまま放送しつづけ，「事故の過少表現」と「安全強調発言」が続いたので，視聴者のテレビ不信が増していったものと思われます．

　不満があったにもかかわらず，テレビが見られる家庭ではテレビにかじりついて事態を見守っていました．この震災では，フェイスブックやツイッターが見直されたと言われましたが，それは主として個人情報の伝達や，外国が伝える事故情報などで力を発揮したと言えます．が，災害全体を多くの人が見たという点ではテレビにかなうものはなかったのです．

　なお，NHK放送文化研究所では，民放とNHKの放送の仕方の違いについて興味深い分析をしています．NHKは比較的高い空から見た地形の変化や津波がどこまで達したかなど地理的な俯瞰でモノを見ていたのに対し，民放は孤立している住民を発見しその周辺状況を報告するなど，個別の救助活動に貢献したと言います．たとえば，日本テレビではビル屋上に取り残された人の救助の模様を放送し，TBSは不足しているものを被災地の人に直接語ってもらい援助物資を送る助けをしたなどの具体的支援に回りました．（メディア研究部番組研究グループ　2012）．これは，国際比較をされた方の書き込みと一致しています．ここでは，民放とNHKが違う情報活動をして日本のテレビ局が多元的であることが活かされました．さらに，TBSとテレビ朝日は，制作したビデオクリップをYouTubeに提供し，被災者支援に役立てたことや，福島原発被災者の避難先の放送局で福島のテレビ放送を流すなど，平常時には起こらないであろうメディア間の協力もあって，利用者の役に立つ情報提供を果たした例もありました．

4 まとめ

　以上のように，テレビがメディア特性として備えている「即時性」と「映像」，そしてマスメディアとしての「組織力」などの点で，震災に際しテレビは役割を果たしたのですが，他方このメディアの精神的発露であるジャーナリズムとしての「批判的機能」については，欠点をさらけ出しました．

　その第1が，記者やデスクなど取材側の知識不足で，事態に対応するだけの専門的な人的資源に欠けていることでした．第2に，従来から体制依存が強すぎ，特にこの件では原子力ムラの一員であることも暴露され，体制の中に取り込まれていたのが分かったのです．第3に，日ごろからニュース番組では公的発表に依存する傾向が強く（小玉他　2006），この非常事態の中でそのまま行われたことが，当事者の言い分をそのまま伝えることにつながり，批判精神がないと言われる元になったのです．第4に，この震災自体が未曾有のものであったために，それに対応できる準備はどこもしてこなかったということです．

　こうして見ると，いかに日ごろからの慣行や準備が大事かということが痛感されます．ある民放キー局では，20年ぐらい前には原子力に詳しい記者がいたのに，あまり出番がないとして報道以外の全く違う部署に異動させていました．事件により急遽呼び戻されたとのことですが，ずっと取材していればデータの積み重ねができていたでしょう．また，「原子力ムラのペンタゴン」の一角をメディアが形成していたのは，ジャーナリズムの腐敗と言わざるを得ないでしょう．

　そして，「客観報道」が情報を直接的に伝えることと勘違いされて，情報源の発表を無批判に流してきたことは，日常の自己反省のなさが災いしているのではないでしょうか．国際テレビニュース研究会の調査によれば，どの国でも記者会見を情報源とするニュースは多いのですが，日本のニュースはとりわけその比率が高く，ある局の調査期間における割合は，実に97%にも達していました（同上）．

　今回の震災は，ジャーナリズム全体にそのあり方の反省を迫るものといえま

すが，それをジャーナリズム機関自体はどの程度自覚しているでしょうか，それが問題です．

(小玉 美意子)

引用・参考文献
メディア研究部番組研究グループ「東日本大震災発生時・テレビは何を伝えたか (2)」『放送研究と調査』2011 年 6 月号
小玉美意子他, 2006, 「国際テレビニュース比較研究 2004 ─アメリカ・日本・イギリス・ブラジル─」『ソシオロジスト』第 8 号

終章　テレビ─文化の総合展示場

0　はじめに

　既述のように Quae は，一般の人が日常的に見る放送番組を質的に評価することで，普段放送されている番組の質の向上を目指すとともに，良質の番組を作る制作者たちを励ましたいという意図で始めました．そして，視聴率という数字だけで番組が評価されることに疑問を投げかけながら，それでも何らかの方法で評価を数字で表した方が分かりやすいという，一見矛盾した取り組みに挑戦しました．それは，複数の分野に分けて評価することで，番組の性質に添う形での読み取りを可能にし，それぞれの分野を多角的な質問で構成して多段階評価で答えることで，一面的な評価を避けることにし，「質的尺度の数値的表現開発」をしたのです．また，できるだけ多くの人に参加してもらうために，インターネット上で簡単に評価できる方法を開発するなど，基礎的な事柄について，市民参加の番組評価の方法に関して，一つの型を作ったのです．

　なぜ，私たちが放送内容の質にこだわるかと言いますと，それは，放送が一国の科学水準，経済水準，文化水準を基盤に成り立っているとともに，放送された内容が人々の社会意識，政治意識，生活意識に大きな影響を与え，それがそのまま，次の時代のさまざまな分野の水準を左右するからなのです．その意味で，この時代に生きる私たちは，制作者であろうと視聴者であろうと，それぞれの放送に向き合う態度が，自分たちの未来とこれから生まれてくる人々に対して，責任を負っていると言えるでしょう．

1 放送番組の影響研究と Quae

　コミュニケーションについての「影響（効果）研究」はこれまで広く行われてきました．ラジオが普及した初期には，マスメディア内容が直接受け手である人々に影響を及ぼすという仮説が一般に受け入れられていました．その当時は第一次世界大戦と第二次世界大戦の間のいわゆる戦間期でしたので，ドイツでもアメリカでも政治的プロパガンダが盛んでした．また，アメリカではコマーシャル放送が始まっていましたから，スポンサーがその効果を問題にしていました．それゆえ，この直接的な効果論が受け入れられたのでしょう．

　しかし，情報源が多様化し，多くのメディアが競存する現代ではどこからどのような影響を受けたか特定しにくくなっていますし，メッセージの内容も多様で，影響関係も複雑になってきています．近年の研究では，オーディエンス（テレビで言えば視聴者）は番組内容をそのまま受け取るのではなく，自分なりに読み取って解釈するという「能動的オーディエンス」説が有力になっています．Quae の番組評価に参加して下さる方々がまさしくこの「能動的オーディエンス」であることは，この本に納められた回答者の主体的判断による意見からも充分に推測されるでしょう．

　ところで，メディアとオーディエンスの関係では，メディアは常に自分たちのメッセージがオーディエンスに届くことを願ってきました．たとえば，商業放送において CM スポンサーたちは，放送を見て視聴者がその影響を受け商品を買ってほしいと願ってきたのです．また，放送を制度的に牛耳る政治権力は，自分たちの発する情報に人々が納得し，政権を支持してほしいと願っていました．それに対し視聴者の多くは，放送という公共の電波を使用する以上，メディアが自分たちの望む内容を放送してほしいと思ってきたのでした．その間の関係をメディア研究者のイーストマンは，「オーディエンスの行為を管理したいメディア産業と，自分たちのメディア欲求を満足させたい人々との間の永遠の攻防」(Eastman　1988) と言っています．

　放送の受容実態を調査する一つの手段として視聴率というものが生まれまし

たが，その視聴率の出自については，メディアとオーディエンス双方の欲求がそれぞれに反映されているのです．NHK の記述式調査の場合は，視聴者がどのような番組を見ているか，あるいは見たいと思っているのか，という調査の側面が強いでしょう．しかし，ビデオリサーチ社の機械式視聴率調査の場合には，視聴実態を調べつつも，電通という広告代理店が後押しをしていることからも分かるように，スポンサーが広告効果を知るために実施しているというのが正直なところです．それでも，2000 年まではアメリカから来たニールセン社の調査も併用されており，両者の調査結果には多少の違いが出るので，視聴率の数字を絶対視することに，ためらいもありました．しかし，ニールセン社が撤退してからはビデオリサーチ社だけとなり，視聴率を絶対視する風潮がより強まっています．統計的誤差を無視して 1％の差に一喜一憂したり，それによって視聴者におもねる番組作りをしたり，局の番組編成を変える事態が起きていたりします．

さらに，近年のメディア環境の変化は，自宅のテレビがついていれば人々はテレビに対面して見ているものである，という視聴率調査の前提を崩しているので，現行の測定方法が正しく視聴率を反映しているとも言えません．録画しやすいビデオ機器の設計が録画を極めて一般的な視聴行動にしましたし，パソコンを開いて YouTube で見たり，スマートフォンを利用して出先で見たりと，見方も多様になってきています．また，統計調査の前提として，サンプリングで当たった人が調査に協力してくれる「応諾率」も下がっていますから，その意味でも，視聴率だけに依存して番組作りをすることは，もはや視聴者の意向を充分に把握しないで作っていることになるでしょう．

2　メディアの伝統

デニス・マクウェールは，『メディア研究とジャーナリズム　21 世紀の課題』（マクウェール 2009）の中で，オーディエンス研究について，いくつかの伝統があるとしてまとめています．それにのっとって，現在の日本の状況と合わせ

て考えてみましょう．

　一つは「**構造的伝統**」と言われるものです．オーディエンスのサイズを測るモノ，言いかえれば視聴率調査などの存在がメディアを決める上で重要な要因になっていることを指しています．日本で機械式視聴率調査が始まって2012年で半世紀経ちました．視聴率と言えば機械式視聴率を指し，それなしには日本のテレビ放送業界はよりどころを失ってしまうほどになっています．というのは，既に述べたように視聴率は，代理店を通して放送局とスポンサーが広告料金を決定し商取引をするための基本的な通貨単位になっています．そして，営業的な配慮なしにテレビ番組編成はしないので，局の姿勢としては高視聴率ができるだけ続くような番組編成をします．すなわち，視聴者が望むと望まないとにかかわらず，視聴率はテレビ業界を貫く価値基準であり経済指標なのです．だからこそ，これがすでに業界の「伝統」として機能して，現代社会の構造の一つとなっているのです．

　この視聴率で番組の価値を測るという構造が，番組の内容を大衆迎合型のものにし，一定の視聴者数のいる良い番組を駆逐しているのではないかと，私たちは考えています．ささやかではありますがQuaeの試みは，この伝統的な構造に挑戦をしようとしているのです．

　メディアの伝統としてマクウェールが2番目にあげているのは，「**行動主義的伝統**」と言われるものです．メディア内容の［有害性］に着目し，そういうメディア表現を問題視し，反対行動を起こすものです．特に子どもへの影響を考えて，PTAなどの団体やそれに共鳴する研究者らが"有害"とされる図書や映像に反対する運動などがこれにあたります．一義的には，子どもの「健全な発展に有害」という形で限定的に表現しますが，内容の及ぼす影響は，子どもに限らず，大人にも影響を与えているでしょう．ここで難しいのは，何が有害で何が無害かという判別はつきにくいことで，そこには絶対的な基準はありません．そこで，たとえば，映画業界が設置している映画倫理委員会では，R-18+（18歳以上は見られる），R-15+（15歳以上は見られる），PG-12（12歳未満は保護者の助言・指導が必要）…など，年齢別に区分をする形で，性・暴力・

麻薬などの表現を規制しています。雑誌業界では本体にビニールを掛け「成人向」と表示したものは大人にしか売らないことになっています。このように，言論表現の自由を侵害しないようにしながら制限をかける方向で自主規制をしているのです。放送では，放送時間帯で視聴者の年齢層を想定し，放送内容に注意を払うことになっています。これは，PTAなどの年少者保護団体の要請を受け入れて，実施されていることが多いのです。

そのほか，"有害"ではなくても，偏った報道が人々の投票行動や日常の行動を規定することもあります。放送された内容の是非だけではありません。人々はメディアが取り上げる問題を重要なことと認識し，取り上げない問題については気がつかないで流してしまいます。これは，メディアには「議題設定機能」があるからです。重要なことでも，取り上げられないと，人々にとってそれはないのと同じことなのです。これはメディア側の問題だけでなく，視聴者のメディア・リテラシーの問題としても認識しなければならないでしょう。大人も知らず知らずの内にメディアの価値観の影響を受けているのです。

Quaeの調査は，決して"有害"番組を摘発しようというものではありません。すべての番組をあるがままに受け取った上で，その内容を評価しコメントをつけるという形で，行われています。しかし，個々の回答者に内容分析的な作業を促す作業をしているという意味で，また，番組内容の価値判断や有用性を評価して結果を公表して何らかの影響を与えるという意味では，行動主義的であるとも言えましょう。

三つ目は「文化社会的な伝統」に着目するものです。限られたメディアの内容にのみ着目することから脱し，メディアを取り巻く空間，人々が生活する社会などを考慮に入れます。あるメディアの存在が，どのような歴史を引きずり，社会によってどのように受容されているかを考えながらメディアのあり様を模索するのです。すなわち，あるメディアを受容するか拒否するかは，社会環境によって決まってくる，言いかえれば，社会的，経済的，政治的，文化的環境が，あるメディアの受け入れ如何を決定するというのです。同時に，それがその中にいる人々に総合的な影響を与え，生活習慣とも関わりながら，環境との相互

関係を形成している，という考え方です．日本が基本的に公共放送と商業放送の2本立ての制度をとっていることや，テレビがどこの家にもあること，新聞は宅配制度をとっていて購読率が相対的に高いというようなことも文化的環境です．この伝統は，社会科学と人文科学の学際的な研究としての「カルチュラル・スタディーズ」の視点と強いかかわりをもっています．カルチュラル・スタディーズは，日常的にメディアに接する状態や，人間がそれとともに存在する状態にも着目していますので，内容分析研究を超えた形でメディアと人間の関係を追求しています．

　社会的な活動をする現代人にとって，もはやメディアなしに生活することはほとんど不可能ですので，その事実を受け入れたうえで，メディアを含む社会環境の総合的な判断が必要になってきます．そこには，テレビ・メディア自体がかつてのようにメディアの絶対的な王さまではなくなり，インターネットを中心としたさまざまなメディアの進出・浸透により，立場が相対化されてきたことも考慮に入れなければならないでしょう．

　実際，Quae 調査を実施しながら分かったことは，学生やその年代の若者たちは，テレビをあまり見なくなっているので，このテレビ番組調査の意味がピンとこないということでした．また，テレビを見ている若者でも，従来のように自宅の茶の間・リビングにドンと置かれたテレビ受信装置で見るわけではなく，パソコンやスマートフォンの画面で見たり，場合によってはほかのことをしたりしながら見ているのです．与えられたメディア環境につかり，少数の選択肢から選ぶというメディア行動は過去のものとなりました．同じくメディアそのものは，その時代が与えてくれるものを経済が許す範囲で手に入れて使うのですが，少なくとも自分の欲する情報を探すだけなら，インターネットで検索した方が早いのです．彼らが，タイムテーブルを見て，テレビで放送される時間が来るのを待つことは少なくなっています．この見方は，いわゆる「番組を鑑賞する」ものからは離れ，小さな画面から「情報を受け取っている」というのに近いでしょう．

　その一方で，高年齢層の人たちは，番組が放送される時間にテレビセットの

前に座り，従来型のテレビ視聴態度でじっくり見ることが多いのです．番組の起承転結を見据え，番組の発するメッセージに反応して，ある時は褒めことばを，他の時は批判的なことばを発しているのです．この一ヵ所にとどまってじっくり見る見方は，ほかのメディアで言えば，映画を見るときの態度に近くなります．映画はそれに加え，観客を暗い一ヵ所に閉じ込めて，他のことを考えさせないことを強制しますが….

　こういう見方をする視聴者に対応するには，かなり力のある制作者がしっかり作らないといけないので，従来の制作者たちは恐らくその心構えで制作していたでしょう．それに対し，いわゆる若者向けのバラエティ番組などは，「軽いノリ」でその場その時を楽しく過ごさせることを前提としているものであり，おのずと制作態度や目的が違っているのです．今のところ，視聴者には両方のタイプがいるので，近年のテレビ番組編成にもその両方が混在していると思われます．そのテレビ番組の見方の違い，期待の違いが，Quae 回答者の中でも年齢層による評価の違いにつながっているのではないかと思われます．

3　文化の申し子たるテレビの役割と責任

　さて，テレビは 20 世紀後半に見せたような圧倒的な勢いはなくなり，チャンネル数は増えているものの，多くのメディアの中の重要なものの一つとして，相対化されつつあるのは間違いないでしょう．しかし，日本でのテレビ放送開始から 60 年経った 2013 年現在，テレビ局がもっている制作力，資金力，組織力など"主流メディア"としての支配力は当分の間維持されます．放送局と制作会社は，放送に載せる「番組」の制作と管理だけでなく，その映像を供給する力を，他メディアの追随を許さないほど大きくもっています．そして，すでに社会の中で大きな存在となっている組織としてのテレビ局は，電波というものがもつ「公共的」な役割を果たしつつ，たとえ，その相対的位置づけが低下しても，その組織としての力は存続しつづけます．その社会的役割は，これまで文化を支配してきたこと，今も支配していること，さらに将来まで影響を及

ぼすこと，これにもとづく責任から来ると言ってもよいかもしれません．

　ここでは，60年間にテレビが日本社会とどのようなかかわりをもち，日本の文化をどのように形成してきたかを，文化を定義する要素から考えてみましょう．

　第1に，文化は「**文明**」と同義語として用いられることがあります．18世紀には科学技術が発達したので，「野蛮な状態から脱したという意味で，文明 Civilization が人間の進歩や美徳をも表す語となった」と吉見は述べています（吉見　2006：831-32）．放送メディアは科学技術の賜物であり，現実に存在するものを映像に写し取る技術，現実に存在しないものを映像として創造する技術，そして，隣の部屋から他の天体まで直接接触できない遠くに送り届ける技術まで，現代の科学技術の粋がギュッと詰まって成り立っているものです．それを利用して人々に幸福をもたらすとしたら，それは素晴らしい文化的貢献というべきでしょう．

　実際，テレビ放送は，普段家にいては目にすることのできない遠くの事物や，知らない場面で起こっているできごとを私たちに伝えてくれるので，直接会うことのない人々への愛情や思いやり，遠くの土地への理解を促してくれています．1969年に人類が初めて月に到達したときのことも，テレビ技術がなければ地球の人々はそれを確認できなかったわけですし，テレビ技術があるからこそ宇宙飛行士たちは地球の人々に見守られながら，危険な宇宙を旅することができたのでしょう．そういう技術を使っているテレビ放送というものは，まさしく文明の利器を最大限利用してできた，文化の粋なのです．

　次に文化の意味として定義されるのは，「**特定の集団における社会構造や生活様式の総称**」として用いられる広義の解釈で，文化人類学的とも言えましょう．これを現代の日本におけるテレビ放送に当てはめてみると，テレビ放送開始の1953年当時，日本はみじめな敗戦のどん底から立ち上がり，占領軍も日本から撤退して，独立を取り戻したところでした．そうした中で欧米先進国に追いつくことが至上命題でしたから，その一環として先進国が所有し実施を始めているテレビ放送に関心をもったのは不思議ではなかったでしょう．そこ

には，人々の情報に対する欲求がありましたし，経済復興のための経済的な動機もあり，それに対し政治的に応える用意もあったのです．また，それ以前の基本的な条件として，すでに電気が津々浦々まで普及していたこと，戦時中にNHKの全国ラジオ放送網がほぼ完成していたうえに，53年当時，民間のラジオ放送がほぼ同時進行的に始まっていたことなどが，テレビ放送開始をサポートする条件としてありました．

そういう背景があって，日本では郵政省（現在は総務省の一部）の管轄のもとに，公共放送のNHKと，日本テレビ放送網を中心とする民間の商業放送が並立して始まることになったのです．今ではNHKが地上波と衛星波各2波の合計4波で放送を行うまでになっており，公共的な放送を行うことが期待されて，さまざまな批判を呑み込みつつ運営されています．一方，民間放送は，県単位を基本とする多数のローカル局が各地にできました．その後，東京のキー局も増えて，それらが県域局と実質的にはネットワークを組んで，五つの系列の電波がほぼ日本を覆っています．民間放送の財政基盤はスポンサーから提供されるコマーシャル料や番組製作費によって成り立っています．民間放送はCMという新しい文化をこの国に持ち込み，それが大量生産・大量消費を生み出し，高度経済成長の原動力となりました．その一方で，「消費は美徳」の掛け声とともに，従来あった「ものを大切にする文化」を壊し，環境問題を生じさせてもいます．そして，今ではこのような状態が当たり前のこととなり，社会構造や生活様式の一部となっているのです．

第3に，文化は「**学問や芸術**」などを指すことがあります．そこには，専門家が特に評価する知的・美的にすぐれたもの洗練されたものを特別視するハイカルチャーと呼ばれる分野があります．その一方で，特に洗練されていなくても大衆に親しまれる舞台や音楽，絵画，小説などの表現物が大衆文化として受け入れられています．テレビ番組は一般の人を対象に放送されますから，その内容の多くは大衆文化と考えられますので，大衆文化を文化と認めない知識人たちから，テレビ番組はしばしば批判にさらされてきました．

また，テレビ放送には芸能や芸術とは理念の違う，ジャーナリズム分野も含

まれています．これは，前出の「社会構造や生活様式」から生み出され，政治や経済をリードする重要な役割を担っています．

さらに，テレビ放送はハイカルチャーに属する作品を，そのメディアを通じて紹介することができます．ただし，テレビで放送される場合，絵画ならそれらをカメラで写し取ったもの，音楽ならそれらを録音・録画したものなので，これらの芸術は「複製」の形をとっており，オリジナルのもつ唯一の価値ではありません．しかし，テレビは，それまで一部の特権階級のものであったハイカルチャーを大衆に向けて公開し普及してきた功績があるでしょう．今では，そこから出発して，複製を創る技術を使った前衛的な作品を生み出し，それがオリジナルであるという芸術作品も数多く生まれています．

このように，テレビ放送は，制度そのものが社会構造的に日本文化のもたらしたものであり，技術的にも世界の先端を行く科学・技術が可能だから日本で実施され，内容的にも日本的な文化に根差した芸術や社会生活から生まれたもので，いわば文化の申し子という存在でしょう．そういう意味でも，その中心となる番組内容についても文化的な深さと広さをもっていることが期待され，その期待にこたえる責任があることを，今一度確認したかったので，このような文化としてのテレビ放送について考察してみました．

4　問題点と向きあう

言うまでもないことですが，日本の放送番組の中には大変優れた作品があります．よくぞこの問題に気づいてくれたというようなドキュメンタリーや，楽しく笑えるバラエティ，美術や音楽へいざなう芸術入門の番組，最新の科学的知見を伝えてくれる科学番組など，テレビ番組の素晴らしさについて，Quaeの回答者は評価しています．

その一方で，たとえば関東地区における全番組のタイムテーブルを見ると，朝から昼間にかけて横並びの情報番組の画一的でセンセーショナルな内容や，ゴールデンアワーのバラエティにおける仲間内だけで通じる視野の狭い笑い，

深夜の番組に見受けられる猥雑な性表現などは，見ていて面白くないだけでなく，この影響を永年受けているとどうなってしまうのだろうという疑問を生じさせるものがあります．

このように，文化の総合展示場としてのテレビが私たちに提示しているものは，良い面ばかりではありません．そこで，本来素晴らしいメディアであるテレビをもっと活かして，社会に貢献できるようなものにし，文化的にも退廃ではなく建設的な方向にもって行くことができないかと考えます．それは，テレビを愛し，その能力を認めている人間に，自然に生じてくる考え方でしょう．

そして，テレビ番組制作者たちが，嫌でも大衆におもねる番組を作らなければならない一つの原因を，視聴率という構造的な伝統が作っているとすれば，その存在を否定しないまでも，他の方法を考えてよい番組を作ることに貢献しようとするのは不思議ではないでしょう．

また，同じく「テレビ放送」と呼ばれる分野でも，地上波だけではなく，BS もあれば CS もありますし，地域の CATV が独自の編成をしているところもあります．2011 年 7 月の地上波テレビ放送デジタル化で，環境は一挙に変化し，BS 放送は基幹放送の一部に組み込まれました．そのほかにも放送大学もあれば，インターネット・テレビも盛んになってきています．このようにチャンネルがたくさんあるということは，多様な視聴者がそれぞれ好みのチャンネルを見るということにもなります．今までの視聴率のように，限定された地上波チャンネルの量的な数値だけで物事を計る方法は，これからの社会に向かなくなるということも考えられるのです．

生活関連尺度の国際的傾向としても，質的なものに目を向けることがあります．たとえば，国民総生産など全体的な経済尺度だけで物事を計るよりも，幸福度や男女平等度などの質的な評価を計る機会も増えています．テレビにおける量的表現としての視聴率も，現行の商取引には便利な方法かもしれませんが，その数量の多寡が見た人の満足度を必ずしも表してはいません．テレビ受像機がついているだけで，人々が好んで見ていると解釈する「視聴率信仰」は，崩れることもありうるでしょう．人々がテレビをつけ番組を見て，必要な知識を

得る満足感や，娯楽番組で楽しく笑う喜びを享受していないとしたら残念なことです．それは暇な人の時間つぶしに貢献するだけで，次の日の活力となるような積極的意味をもたなくなるでしょう．それだけならまだよいのですが，ある情報が，かえって見る人を意気消沈させたり，差別的な笑いにより気分を害したりすると，この文化の展示場も社会的に逆機能を果たしてしまうでしょう．

Quae は，テレビ番組を見た人がどう思ったかを多面的に調査し，番組それぞれの特性にあった形で評価しています．一般市民の質的な評価をテレビ局やスポンサーに示し，次の番組作りにつなげることができれば，文化の展示場としてのテレビ画面はもっともっとレベルの高い，そして社会的意味のある文化で彩られていくでしょう．

スポンサーの中にも，単純に自分の広告を視聴率の高い時間帯に流せば満足なのではなく，よい番組を届けることによって視聴者に愛され，自社の評価が高まることを志向するケースもあるでしょう．さらに，質がよく文化的普遍性のある番組は，外国に売りに出すこともできますし，時代が変わっても価値が伝わるので，長い目で見ると経済的にも成り立つのではないでしょうか．

1974 年に放送文化基金ができた時，初代理事長の中山伊知郎は，このように述べています．

> （略）電波に乗せるべき文化の選択が行われなければならない，いままでのところ，その選択はあまりにも無方針ではなかったか．（略）放送文化に関する限り，いまのところでは，文化の選択の方が，技術の進歩におくれている．このおくれを取り返すことが必要である（中山　1974）．

それから 40 年近く経った今も，その遅れは取り戻せないばかりでなく，ますます差が開いているとさえ思われます．テレビ離れが進んでいる今，見ても満足できないテレビ番組が多くなればなるほど，人々はテレビ全体を見放して，他のメディア，他の情報源，他の娯楽に向かうのは必至です．大量生産・大量消費の時代は過去のものとなりつつあるように，テレビも質で勝負する時代を

迎えているのです．

（小玉　美意子）

引用・参考文献

Eastman, S. T., 1988 "Programming theory under strain: the active industry and the active audience", in Roloff, M. E., and G. D. Paulson (eds.), *Communication Yearbook 21*, Thousand oaks, CA: Sage.

小玉美意子，2005,「視聴率の現状と問題点」『市民は放送を変えられるか〜テレビ番組の評価方法　2004年報告書』武蔵メディアと社会研究会

小玉美意子，2009,「放送文化とジェンダー」『国際ジェンダー学会誌』第7号, 国際ジェンダー学会

小玉美意子，2011,「番組評価サイト Quae のマスコミュニケーション研究上の位置づけ」『ソシオロジスト』No.13, 武蔵社会学会

マクウェール，デニス（渡辺武達・東さやか訳），2009,「オーディエンス研究の理論と実際」津金澤聡裕・武市英雄・渡辺武達編『メディア研究とジャーナリズム　21世紀の課題』ミネルヴァ書房

中山伊知郎，1974,「放送文化のために」HBF『放送文化基金報』放送文化基金

吉見俊哉，2006,「文化」『情報学事典』弘文堂

ユーザーからのテレビ通信簿──テレビ採点サイト Quae の挑戦

2013年6月20日　第一版第一刷発行

監修者	戸　田　　　桂　太	
	小　玉　美　意　子	
編著者	山　下　　　玲　子	
発行者	田　中　千　津　子	

発行所　株式会社　学　文　社

©2013 Toda Keita, Kodama Miiko & Yamashita Reiko Printed in Japan

東京都目黒区下目黒 3-6-1
電話(3715)1501 代・振替 00130-9-98842

（落丁・乱丁の場合は本社でお取替します）　　・検印省略
（定価はカバーに表示してあります）　　印刷／新灯印刷株式会社
ISBN978-4-7620-2382-8